MOTOR LEGENDEN

SIEGFRIED
TESCHE

THE ROLLING STONES

Motor
buch
Verlag

Einbandgestaltung: Sven Rauert unter Verwendung von Motiven von Gered Mankowitz (Front) und Getty Images

Bildnachweise auf Seite 190

ISBN: 978-3-613-04788-4

1. Auflage 2025

Sie finden uns im Internet unter
www.motorbuch-verlag.de

Lektorat/Redaktion: Bernd Keidel
Innengestaltung: Sven Rauert
Druck und Bindung:
Graspo CZ, 763 02 Zlín
Printed in Czech Republic

START ME UP – DAS VORWORT

Beinahe hätte es die Rolling Stones nie gegeben. Als Michael Philip Jagger, wie er 1961 noch hieß, sich den Wagen seines Vaters auslieh, um mit mehreren Musikern in den Ealing Jazz Club nach London zu fahren, gab es ein Problem. Auf einer abschüssigen Strecke versagten die Bremsen. Aus der Not heraus riss er die Handbremse hoch und kam gerade noch vor einem Bahnübergang zum Stehen. Die Geschichte erzählte mir Dick Taylor, 82 Jahre alt, ein Schulfreund von Jagger, der mit im Auto saß und mit Jagger eine Band gegründet hatte, bevor die Stones weltberühmt wurden.

Nicht nur dieses Erlebnis zeigt, dass Autos im Leben einer der erfolgreichsten Bands der Musikgeschichte eine wichtige Rolle gespielt haben und Storys wie diese es wert sind, erzählt zu werden. Man denke nur an den »Blue Lena« genannten blauen Bentley S3 Continental Flying Spur von Keith Richards auf dessen Rückbank sich während der Fahrt nicht nur Anita Pallenberg und er sehr nahekamen, sondern der auch mit »einem Geheimfach im Rahmen« ausgerüstet war, das dazu diente »illegale Substanzen« vor der Polizei zu verstecken.

Im Juni vor 50 Jahren fuhren Tony Calder, der englische Musikmanager und damalige Geschäftspartner des Rolling Stones Managers Andrew Loog Oldham, und Mick Jagger in einem geliehenen roten Ford Mustang durch Los Angeles und wechselten unterwegs die Radiosender. Auf allen fünf Stationen, die sie einstellten, lief »(I Can't Ge No) Satisfaction«. Die Single erschien am 4. Juni und stand vier Wochen lang auf Platz 1 der US-Charts. Der Welterfolg brachte der englischen Band die erste goldene Schallplatte ein.

Ebenfalls vor 50 Jahren, im September, waren die Rolling Stones erstmals auf Tournee in Deutschland und Österreich. Zwischen dem 11. und 17. September gaben sie Konzerte in Münster, Essen, Hamburg, München, West-Berlin und Wien.

Zwei Jubiläen, die Anlass schon genug sind, sich intensiv mit dem Phänomen Rolling Stones zu beschäftigen, doch der Ausgangspunkt von meiner Seite war ein anderer. Nach der Veröffentlichung des inzwischen mit zwei Preisen ausgezeichneten Buches »Motorlegenden – The Beatles«, gab es von verschiedenen Seiten Überlegungen, nochmals in die Rock- und Pop-Geschichte einzutauchen und sich mit Musikern und ihren Autos zu beschäftigen. Es vergingen zunächst Monate, um herauszufinden, ob es überhaupt einen Sinn ergab, die Rolling Stones in dem Zusammenhang zum Thema zu machen,

Der Autor in Mick Jaggers Ford Galaxie 500 XL.

denn mit diesem Aspekt hat sich bislang weltweit noch niemand beschäftigt. Doch es stellte sich heraus, dass auch bei dieser Band und ihren Fahrzeugen witzige, skurrile und skandalöse Geschichten zu entdecken sind. Es sind Dramen aus dem Tourbusleben, langwierige Reisen durch ganz Großbritannien unter schwierigsten Bedingungen, Angriffe von Fans auf die Fahrzeuge der Musiker und deren Freundinnen sowie Verkehrsvergehen, Strafen, Gefängnisaufenthalte, Unfälle und mehrfach das Glück, lebendig aus einem Auto herauszukommen.

Schon bei meinem Elvis Presley-Buch aus dem Jahr 2022 war es mir wichtig, für alle Zwischenüberschriften passende Songtitel zu verwenden. Das ist auch dieses Mal der Fall – mit der Ausnahme, dass sowohl die Titel der Stones als auch die der Small Faces / Faces einbezogen wurden, da Ron Wood erst

1975 zur Band dazukam. Alle Songtitel wurden bewusst ausgewählt und eingesetzt, um das Leben der Musiker und ihre Erlebnisse zu kommentieren.

Ich konnte wie bei früheren Werken auch auf Quellen aus erster Hand zurückgreifen, führte u. a. Gespräche mit dem Regisseur Volker Schlöndorff, der mit Brian Jones, Anita Pallenberg und Keith Richards zusammengearbeitet hat, mit Fotograf Gered Mankowitz, der die Stones jahrelang begleitete und ikonische Fotos von ihnen mit ihren Autos machte und Dick Taylor, der mit Keith Richards und Mick Jagger zur Schule ging und in der Vorläuferband der Stones mit dem schönen Namen »Little Boy Blue and the Blue Boys« mitspielte.

BLACK LIMOUSINE

Der anfangs erwähnte Riley Pathfinder von Alan Etheringtons Vater führte diese Band übrigens am 7. April 1962 in den Londoner Ealing Jazz Club zu Alexis Korner. Dort war Brian Jones gerade dabei, eine neue Band zusammenzustellen und der Rest ist – wie man so schön sagt – Geschichte. Geschichte mit einem besonderen Twist allerdings: Automobil- / Rock'n'Roll- und Bluesgeschichte mal aus einer anderen Perspektive. Wie lautete doch ein Song der Stones aus dem Jahr 1974: »It´s Only Rock'n'Roll (But I like It)«. Der wurde übrigens von Ron Wood komponiert, als er noch bei den Faces war, passte aber nicht mehr auf deren Album »Ooh La La«. Jagger mochte den Song, übernahm ihn und gab Wood dafür einen anderen Song: »Black Limousine«.

PS: Mick Jagger äußerte Ende der 50er- / Anfang der 60er-Jahre mal den Berufswunsch Journalist, verabschiedete sich aber im Sommer 1961 von der Idee, weil es ihm »zu sehr nach harter Arbeit« aussah. Meine »harte« Arbeit, die mehr als eineinhalb Jahre gedauert hat, also a »Long Long While«, liegt jetzt vor Ihnen. Es war nicht »Always Suffering«, es war teilweise »Complicated«. Und nun …? »Depending On You«.

»Ich glaube, was ich mache, mache ich, bis ich umfalle«, sagte Keith Richards im Jahr 2023 – und was formulierte er doch so treffend 2014 in einem Interview, das im Heft »Spiegel Biografie« über die Stones abgedruckt ist: »Wir haben immer noch genug Benzin im Tank«.

Dem kann ich mich nur anschließen.

Siegfried Tesche, im Herbst 2025

Zu Gast bei Volker Schlöndorff mit einer Anita Pallenberg-Tasse.

KAPITEL 1

BRIAN JONES
»DER WAR MIR IM WEG«

»DER WAR MIR IM WEG« – DIE FAHRZEUGE VON BRIAN JONES (28.02.1942–03.07.1969)

(HUMBER HAWK, HUMBER SNIPE, MINI-MOKE, ROLLS-ROYCE SILVER CLOUD II)

Er liebte Busse und arbeitete auch als Busschaffner. Er wurde zweimal gefeuert, weil er bei seinen Arbeitgebern stahl. Er war ein musikalisches Multitalent, gründete die Band und erfand den Namen »Rollin' Stones«. Er hatte Asthma und einen hohen IQ von 133 bis 141. Er war drogen- und alkoholabhängig, gewalttätig und ein zum Teil rücksichtsloser Autofahrer. Außerdem hatte er sieben Kinder von sieben Frauen – ohne jemals verheiratet zu sein. Keiner der »Rolling Stones« war so schillernd wie Lewis Brian Hopkin Jones, der nur 27 Jahre alt wurde und um dessen Tod sich immer noch Legenden ranken.

Es war sicherlich die besondere Familie, die den Ausschlag dafür gab, dass Jones schon in frühester Jugend mit Musik und verschiedenen Instrumenten in Berührung kam. Sein Vater Lewis Blount Jones spielte Klavier, seine Mutter Louisa Béatrice sowohl Klavier als auch Orgel und sie leitete den Chor in der örtlichen Kirche von Cheltenham. Im dortigen Pflegeheim, rund 160 Kilometer nordwestlich von London, kam der Junge am 28. Februar 1942 auf die Welt. Seine jüngere Schwester Pamela starb kurz nach ihrem zweiten Geburtstag an Leukämie. Da war er gerade mal drei Jahre alt. Schon mit vier Jahren erlitt er einen so starken »Krupp-Anfall«, dass er sein ganzes Leben mit Asthma zu kämpfen hatte und deshalb mehrfach ins Krankenhaus kam.

KEEP UP BLUES

Im Alter von sieben Jahren bekam er bereits Klavierunterricht. Er besuchte für knapp vier Jahre die Dean Close School und ab September 1953 die Cheltenham Grammar School for Boys. Er entpuppte sich als sehr guter Schüler, der vom Unterricht aber gelangweilt war. Immer mal wieder schwänzte er und ging nach eigener Aussage »lieber schwimmen«. Im Schulorchester lernte er Klarinette, hörte viel klassische Musik, schwärmte für Blues und später auch für Jazz, nachdem er im Herbst 1957 mit ein paar Jungs Jazzclubs besucht hatte. Zweimal flog er von der Schule. Von seinen Eltern bekam er ein Saxophon geschenkt und spielte damit in einer Cheltenhamer Band namens »The Ramrods«. Am 28. Februar 1959, seinem 17. Geburtstag, bekam er eine Akustikgitarre. In einem Interview sagte er dazu: »Ich fiel in der Schule nicht wirklich durch, aber mir wurde klar, dass Musik einfach

Das Gitarrespielen brachte sich Brian Jones selbst bei.

ein wichtiger Teil meines Lebens sein musste. Ich lernte Mundharmonika und Gitarre – aber ich habe es mir selbst beigebracht.«

Um sich seinen Lebensunterhalt zu verdienen, fuhr er eine Zeitlang in seiner Heimatstadt Cheltenham einen Kohlenlaster. Er war er als Straßenmusiker unterwegs, nahm aber auch alle möglichen anderen Jobs an. Im Frühjahr 1961 jobbte er in einer Fabrik und überstand auf dem Arbeitsweg einen Autounfall. Er fuhr morgens wie üblich rund zehn Kilometer mit dem Bus, aber auf der Rückfahrt nahm ihn ein Kollege mit. Der überschlug sich mit seinem Lieferwagen, wobei sich Jones am Bein

verletzte und einen Schneidezahn verlor. »Von da an hielt er sich immer die Hand vor den Mund, wenn er lachte«, so Bill Wyman. »Eine Angewohnheit, die er sich damals zulegte.«
Sein erster größerer Auftritt war im Alter von 18 Jahren im Marquee in der Oxford Street im Londoner West End. Er nannte sich Elmore Lewis, denn er war Fan des schwarzen Bluesmusikers Elmore James, ein wahrer Künstler auf der Slide-Gitarre, die Jones später erlernte und ihm den Kontakt zu Keith Richards und Mick Jagger einbringen sollte. Nach Informationen der Dokumentation »Rolling Stone: Life and Death of Brian Jones« aus dem Jahr 2019 wollte Jones »nur feiern und mit möglichst vielen Frauen schlafen. Er wollte nicht arbeiten. Mit 19 Jahren hatte er drei uneheliche Kinder und keinen guten Ruf.« Als er sich 1961 am Cheltenham Art College für ein Stipendium bewarb, sagte man ihm zunächst zu, aber kurz vor Beginn der Ausbildung lehnte man ihn doch ab, weil er als »unverantwortlicher Herumtreiber« beurteilt wurde. Sein viertes uneheliches Kind kam im Oktober auf die Welt.

Einer seiner Jobs war in einem Schallplattenladen, aber er wurde gefeuert, weil er in die Kasse griff. Danach war er kurz bei dem Zeitschriftenladen W.H. Smith in Kingsway. Dort wurde er auch entlassen, weil man ihn beim Stehlen erwischte. Zwischenzeitlich arbeitete er als Busschaffner, später sammelte er Modelle von Bussen,

Eingang des Marquee Club in der Wardour Street im Londoner Westend, kurz vor einem Auftritt der US-Band »The Lovin' Spoonful« am 18. April 1966.

MARQUEE
88

Eisenbahnmagazine und hatte eine Modelleisenbahn. Nach Angaben von Keith Richards waren Stewart und Jones auch »Dampfmaschinen-Fans. Auch wenn wir irgendwo unterwegs waren, gingen sie auf irgendeine Brücke, um sich die letzten Dampfloks anzusehen und versuchten, den ›Golden Arrow‹ oder den ›Flying Scotsman‹ auszumachen.« Aber leider war Jones auch »absolut unehrlich«, so Ian Stewart. Dieses Verhalten behielt er bei. Nach der England-Tournee mit den Everly Brothers im Herbst 1963 fanden die anderen Bandmitglieder heraus, dass er sich heimlich eine höhere Gage von fünf Pfund genehmigt hatte.

CONNECTION

Bevor es zu den Rolling Stones als Band kam, war er derjenige, der in den Jazz- und Blues-Clubs in London unterwegs war. Sein bevorzugter Aufenthaltsort waren der Ealing Club und der Marquee Club, in denen Alexis Korner mit seiner Band »Blues Incorporated« auftrat, die Korner 1961 gegründet hatte. Am 17. März 1962 begann Korner im Ealing Jazz Club, 42A The Broadway, etwa 16 Kilometer westlich vom Londoner Zentrum, eine regelmäßige »Rhythm and Blues Night«. In diesem Keller nahe der Ealing Broadway Station, in den maximal 200 Zuschauer passten, trafen sich Brian Jones und Charlie Watts exakt eine Woche später zum ersten Mal. Der Gitarrist hörte dem Schlagzeuger zu und wollte ihn gerne für seine im Aufbau befindliche noch namenlose Band gewinnen, doch Watts lehnte ab. Später erinnerte er sich wie folgt an die erste Begegnung: »Mein erster Eindruck von ihm war, dass er einfach ein sehr guter Gitarrist war.« Nach der (ersten) Absage von Watts suchte Jones mit einer Anzeige in den »Jazz News« nach Musikern für eine R&B Band. Sie erschien am 2. Mai. Pianist Ian Stewart und Schlagzeuger Tony Chapman meldeten sich. Sie kamen in den Pub »The Bricklayers Arms« in Soho und spielten vor. Ian Stewart empfand Chapman als nicht sehr gut, aber Jones beschloss dennoch, es mit ihm zu versuchen. Nach jeder Übungssession fuhren Chapman und Jones mit dem Zug bis zur New Beckenham Station, in deren Nähe Jones eine kleine Wohnung hatte.

»1963 UND 1964 WOLLTE NIEMAND MIT JONES IM SELBEN AUTO SEIN.«
– IAN STEWART

Am 7. April kamen Mick Jagger, Keith Richards und Dick Taylor in den Club und hörten wie Jones das Stück »Dust My Broom« von Elmore James spielte. Die drei waren überwältigt davon, wie er

Der Eisenbahnfan Jones sammelte Prospekte und versuchte überall, die letzten Dampfloks Großbritanniens zu entdecken, hier die heute als Museumslok erhaltene LNER A3 4472 »Flying Scotsman«.

Slide Gitarre spielte.

Alexis Korner stellte Jones die drei Musiker vor und somit gelten Ort und Zeitpunkt als »Geburt« der weltbekannten Band, die damals noch namenlos war. Nach Aussagen von Keith Richards war es Jones, der auf den Namen »Rollin´ Stones« (zuerst noch ohne das »g«) kam. Während eines Telefonats mit jemandem, der die Band buchen wollte, wurde er nach deren Namen gefragt. Da zufällig das Album »The Best of Muddy Waters« herumlag und das fünfte Stück darauf »Rollin Stone« heißt, nannte Jones kurzerhand diesen Namen. In dem Stück kommt u. a. die Textzeile vor: »He´s gonna be a rollin stone« vor. Der Bluesmusiker Waters nahm den Song bereits 1950 auf.

Am 12. Juli 1962 traten »the Rollin' Stones« im Londoner »Marquee Club« auf.

Während der Proben für einen TV-Auftritt im Jahr 1965 in der Besetzung Bill Wyman, Brian Jones, Charlie Watts, Mick Jagger und Keith Richards.

Im Laufe der Zeit kam das »g« dazu, aber erst ein knappes Jahr später, am 12. Januar 1963 spielten sie gemeinsam mit Charlie Watts am selben Ort. Bis es so weit war, probte die Band bei Mick Jagger in Dartford und trat in Londoner Clubs auf. Von September 1962 bis September 1963 wohnten Jones, Jagger, Richards und der Fotograf James Phelge zusammen in einer Wohnung an der Adresse 102 Edith Grove. Von dort starteten die drei Bandmitglieder zu den Auftritten, bevor Ian Stewart sie mit seinem Rover 12 oder später dem VW-Bus einsammelte und sie herumfuhr.

»In den Jahren 1963 und 1964 wollte wirklich niemand mit Brian im selben Auto sein«, so Ian Stewart, »und er merkte, dass wir ihm aus dem Weg gingen. Es war schwierig, mit ihm zusammen zu sein.« Auch Bill Wyman

Brian Jones, Mitte der 1960er-Jahre.

erinnerte sich an unangenehme Situationen mit ihm: »Wir waren an einem Abend für einen Debütantenball in Hastings gebucht. Unterwegs wurde Brian sehr krank, und es war klar, dass er nicht spielen konnte. Er blieb im Auto, während wir hineingingen und die Party genossen.« Das war der erste Hinweis darauf, dass Brian anfällig für Krankheiten war. Nach Angaben von Stu war er »gegen vieles allergisch. Er litt früher sehr stark an Asthma, hatte große Atemprobleme und immer ein Inhalationsgerät und Tabletten dabei. Er schien gegen viele der üblichen Tabletten allergisch zu sein, die man dafür bekommt. Einmal musste er ins Krankenhaus, weil ihm jemand Tabletten gegeben hatte und seine Haut buchstäblich begann, von seinen Armen abzufallen.«

Zwischen Herbst 1963 und noch vor der ersten USA-Tournee im Juni 1964 sprach Jones in einem Fan-Magazin-Interview über das, was ihm während dieser Zeit generell missfiel. Er sagte: »Es kommt jetzt nicht mehr so in Betracht, aber ich hasste es, als wir mit öffentlichen Verkehrsmitteln zu den Konzerten fahren mussten, egal, ob es die U-Bahn, der Bus oder der Zug war.« Das Auto, das er als Erstes selbst besaß, war »ein Humber Hawk. Zuvor habe ich Woche für Woche einen anderen Wagen gemietet, einfach nur um jeden einmal auszuprobieren. Man könnte wohl sagen, dass ich verrückt nach Autos bin.« Das bestätigt auch Linda Lawrence, die Freundin von Jones: »Ich erinnere mich, dass die Band in einem Mini herumfuhr, Brian und ich in einem Humber Hawk. Es war ein großes, solides Auto, das mein Vater Brian empfohlen hatte, weil er sicherer war als ein Mini.« Nur Fotograf David Bailey machte sich über den Autogeschmack von Jones lustig, als er notierte, der Humber »ist ein Auto wie für einen Landpfarrer.«

JUST YOUR FOOL

Später tauschte Jones den Humber Hawk gegen einen Humber Super Snipe, erfreute sich nach der Trennung von Lawrence auch an Kleinwagen. Seine Autobegeisterung äußerte sich zum Teil im Spätherbst 1965, als er einem Journalisten des Magazins »Teen Life« voller

Stolz seine neueste Errungenschaft nahe seinem Haus in Chelsea Mews zeigte. Im Text heißt es: »Er machte sein Garagentor auf und zeigte auf seinen ganzen Stolz. Es war ein Mini-Moke. Und ich hatte mir vorgestellt, dass es so etwas wie ein schneller Sportwagen wäre.« Anschließend lud Jones zu einer »kurzen Rundfahrt durch die Gegend« ein. »Ihm am Steuer zuzusehen, war wie die Erinnerung an ein Kind, das mit seinem Lieblingsspielzeug spielt. ›So ähnlich ist es wohl‹, stimmte er mir zu, als ich es bemerkte. ›Aber was für ein Benzin-Spielzeug‹! Da war ich ganz seiner Meinung. Jones, der zuvor parallel noch einen geschlossenen Mini mit schwarz getönten Scheiben hatte, schwärmte überschwänglich von seinem jüngsten Kauf und nahm auch die damit einhergehenden Unannehmlichkeiten in Kauf. ›Das Tolle an diesem Mini-Moke ist, dass das Parken jetzt kein so großes Problem mehr ist. Aber glauben Sie mir: Es zieht sehr stark, und ich empfehle ihn niemandem, der nicht ausreichend auf einen heftigen Sturm vorbereitet ist. Er ist nämlich rundum offen und bietet kaum Schutz vor den Strapazen des englischen Klimas‹, so der stolze Eigentümer. An anderer Stelle führte er sehr deutlich aus, dass sein Auto nur für bestimmte Frauen gedacht ist: ›Mein Mini-Moke ist sehr weit offen. Ein Mädchen muss sich keine Sorgen machen, dass ihr die Haare wegfliegen, wenn

Über den Humber Hawk von Jones machte sich die Band ebenso lustig …

… wie über seinen Humper Snipe – Autos »wie für einen Landpfarrer«.

sie mit mir fährt. Ich mag keine Mädchen, die alle fünf Minuten losrennen, um ihr Make-up zu machen und ihre Haare zu richten, und keine Mädchen, die mich anlachen und umarmen. Ich habe immer das Gefühl, dass sie über mich kichern‹.«

Dafür lachten andere über Jones: Jagger und Richards, die ihn gerne mal ärgerten. Richards führte in seiner Autobiografie »Life« entsprechende Scherze aus: »Brian besaß einen fetten Humber Super Snipe, eine Riesenkarre, und das, obwohl er ziemlich klein war. Um über das Lenkrad zu gucken, musste er ein Kissen auf den Sitz legen. Spaßeshalber versteckten Mick und ich das Kissen – Schülerstreiche, aber von der bösen Sorte. Wir lümmelten hinten im Bus herum, als wäre er gar nicht da.« Als Jones sich später den ersten Rolls-Royce kaufte, stichelte Richards weiter und merkte an, dass er jetzt »auf Büchern sitzen müsse, um über die Armaturentafel seines Wagens zu schauen.«

Die Anekdote beweist auf der einen Seite, dass die Stones sich nach und nach von Jones abwandten. Auf der anderen Seite war es auch etwas unfair. Zwar war Jones mit 1,68 Metern tatsächlich relativ klein, aber Richards ist nur sechs Zentimeter größer – Jagger ist 1,78 Meter. Jones wurde zunehmend unzufrieden, als er merkte, dass er nicht mehr der Kopf der Gruppe war und ausschließlich das Team Jagger/Richards die Songs schrieb. Er verfasste zwar auch welche, warf sie aber zum großen Teil wieder weg, was seine spätere Freundin Anita Pallenberg kritisierte. Sie störte sich auch an seinem mangelnden Selbstbewusstsein. So war er häufiger beleidigt, wozu auch Depressionen und später sogar Paranoia kamen. Außerdem wurden sein Alkohol- und Drogenkonsum unerträglich. Aufgrund seiner Einsamkeit wandte er sich neuen Instrumenten zu und übte damit.

Brüskiert wurde er auch von anderen. Im Dezember 1965 ließ John Lennon seinen ersten Rolls-Royce Phantom umbauen. Zu den von ihm bestellten Extras zählte auch ein Beschallungssystem, ein sogenannter »Sound Hailer« mit Lautsprechern, die sogar in den vorderen Radkästen installiert wurden (siehe: »Motorlegenden – The Beatles«). Damit spielte er gerne anderen einen Streich und auch Brian Jones wurde nicht verschont. Wie sich Paul McCartney erinnerte, geschah folgendes: »Wir kamen gerade in Johns Rolls von seinem Haus in Weybridge und hielten plötzlich hinter Brian Jones, der still im Heck seines Austin Princess saß. John

Jones schwärmte für sein »sehr weit offenes« Mini-Moke.

»Ihm am Steuer zuzusehen, war wie die Erinnerung an ein Kind, das mit seinem Lieblingsspielzeug spielt.« Auch die Zeitschrift »Teen Life« berichtete über Jones Liebe zu seinem Mini Moke.

BRIAN and his DARLING MINI-MOKE!

by MICHAEL ALDRED

I went round to my old pal BRIAN JONES' house the other afternoon. Earlier that morning he had phoned me, sounding very excited. The reason for all this was something of a mystery because his lordship wouldn't tell me just what he was so happy about. I had a pretty shrewd idea though. I guessed that he had been on a gigantic spending spree. He does things like that sometimes. So I supposed that he wanted to show me just what he had bought. Like a dozen new shirts or something. So as not to be outdone I put on my smartest outfit. I had just had a smashing new jacket made and was as proud as a peacock wearing it, I must admit. It's a four-buttoned, double-breasted outfit in oatmeal herringbone—very long and waisted with two ten-inch vents in the back. Long vents are all the rage in England at the moment.

I marched round to Mr. Jones done up to the nines, found him waiting at the door of his Chelsea Mews house. "What kept you so long?" he inquired, without the least mention of my new jacket. "You've been ages. It's in there!" and he pointed enthusiastically towards the garage.

I was slightly shocked. I hadn't expected anything like this. Knowing that Brian is a clothes fanatic, like myself, I thought he wanted to display some new gear he'd just acquired. But a new car! That was being a bit too flash. He swung open the garage doors and pointed to his pride and joy. It was a MINI-JEEP.

TEEN LIFE

And I had imagined it would be something in the fast sports car class. All I could think of saying was, "Well, Bri, it's a bit different." He agreed wholeheartedly.

"Jump in!" he ordered. And off we zoomed for a quick tour of the area. Watching him at the wheel was like remembering a child playing with his favorite toy. "I suppose it is a bit like that," he agreed when I remarked on it. "But what a GAS toy!" I must say I was with him there.

"The great thing about this mini-moke," he enthused, "is that parking isn't nearly such a problem now." But take my word for it, it is a very drafty vehicle and I don't recommend it to anyone who isn't prepared sufficiently beforehand for a gale hurling around inside. You see, it's open all around and provides little protection against the rigors of the English climate.

The last time I was with Brian in a car (he had a limousine then) we were *nearly arrested*. He had parked the car and we were leaving the garage. Suddenly a police car drew up (it was actually one used by plain-clothes detectives) and two men jumped out. They flashed their warrant cards and began questioning us both. It took a while to sort everything out. When things were finally settled, there were smiles all around (though not from Brian and myself) and the detectives asked for Brian's autograph. They apologized by saying they had mistaken us for two long-haired beatniks. There you go!

7

schrie in das Mikrofon: ›Brian Jones, keine Bewegung! Sie wurden überwacht – Sie sind verhaftet‹. Brian sprang etwa 2,5 Meter hoch und wurde kreidebleich. Er rief: ‚Oh mein Gott! Oh mein Gott!', so McCartney. »Dann sah er, dass wir es waren – ‚Ihr Mistkerle!' Das hätte ihn an dem Tag fast umgebracht. John klang so offiziell.«

Jones war schon mehrfach verhaftet worden, was dazu führte, dass er tatsächlich davon ausging, erneut zur Polizei zu müssen. In seiner Wohnung hatte man bei Razzien u.a. Methamphetamine, Kokain und Marihuana gefunden. Den Marihuana-Besitz gab er zu.

DANGEROUS BEAUTY

Zwischen dem 11. und dem 17. September 1965 begaben sich die Stones auf eine Tournee durch Deutschland und Österreich. Sie begannen in Münster und waren am 14. September auch für zwei Konzerte im Münchner Zirkus Krone. Währenddessen schaffte es das deutsch/italienische Modell Anita Pallenberg, das auch als Schauspielerin arbeitete, in den Backstage Bereich der Band zu gelangen und Brian Jones näherzukommen: Sie bot ihm einen

Joint an. So begann eine anderthalbjährige stürmische Beziehung, die im März 1967 endete. Zunächst lebten Jones und Pallenberg in ihrer Wohnung, 1 Courtfield Road in South Kensington, ab März Anfang 1966 in einem gemieteten Haus. Die Adresse lautete 7 Elm Park Garden Mews in Chelsea. Das Paar, das viel Wert auf nächtliche Auftritte in den angesagten Londoner In-Clubs »AdLib«, »Speakeasy« und »Scotch on St. James« legte und sich gerne extravagant, zum Teil auch androgyn, kleidete, stritt permanent, was oft in heftigen Gewaltausbrüchen endete. »Als Brian 1965 auf Anita traf, trank er zwei Flaschen Scotch am Tag«, so Elizabeth Winder, die sich mit den Frauen im Umkreis der Stones beschäftigt hat. »Üblicherweise stank er nach Brandy. Er hatte irgendwo gelesen, dass Jazzmusiker ihn als Essensersatz zu sich nahmen.« Jones war selbstverliebt ohne Ende. »Er war ein sehr komplizierter Mensch«, so Pallenberg: »Er färbte sich die Haare, blondierte sie, und ich schnitt sie. Und er hatte vier Spiegel um sich herum.« Während ihrer Auseinandersetzungen in der Courtfield Road zerriss er ihre Bücher. Daraufhin setzte sie seine Modelleisenbahn in Brand. Als Pallenberg in München den Film »Mord und Totschlag« unter der Regie von Volker Schlöndorff drehte, posierte er für Fotos in Nazi-Uniform. Die Kostüme hatte er von der Heiler KG in München erstanden. Der »Stern« lehnte es ab, sie zu drucken, aber das Magazin »Sunday People« veröffentlichte sie. Er nannte das Ganze in Interviews »Satire«.

Ende 1965 verkaufte er den Humber Snipe und leistete sich einen silbernen Rolls-Royce Silver Cloud II, Baujahr 1959 (Kennzeichen: DD 666), »für den er allerdings immer noch zu klein war«, so Richards, der mit seinen Sticheleien nicht aufhörte. Silber blieb der Wagen allerdings nicht lange. Schon bald ließ er ihn schwarz lackieren und das Kennzeichen DD 666 wurde

Brian Jones und Anita Pallenberg 1967 am Flughafen London Heathrow.

auch bewusst ausgewählt: DD steht für »Devil´s Disciple« (Schüler des Teufels), die Zahlen für den Antichristen, Symbol für das Böse und den Teufel. Das »teuflische Paar« Pallenberg und Jones liebte es, sich in den Londoner Clubs Drogen zu besorgen und alles zu konsumieren, was einen neuen Kick versprach. Einen verlässlichen Lieferanten für den permanent benötigten Nachschub hatten sie auch gefunden: Tony Sanchez, der als Fotograf, Croupier und Rausschmeißer gearbeitet hatte, genoss den zweifelhaften Ruf, in kürzester Zeit alles an Drogen besorgen zu können, was auf dem Markt war. In seiner gemeinsam mit John Blake verfassten Biografie schreibt er auch über Jones und dessen Obsessionen: »Brians geheime Leidenschaft war die seltsamste von allen. Als Kind war er ein leidenschaftlicher Sammler der Nummernschilder britischer Busse und besaß ein enzyklopädisches Wissen über Busmodelle und Busunternehmen. Er schlich sich heimlich mit seinem Rolls los, um Busse zu beobachten. Zweimal kaufte er sogar Busse, die ihm gefielen. Ich war im Büro, als ein Anruf von einer Werkstatt einging, die wissen wollte, wohin Brians neuester Doppeldeckerbus geliefert werden sollte, so Sanchez. Nach seiner Erinnerung wimmelte die Sekretärin der Stones die Lieferfirma ab: »Da ist ein Fehler passiert, sagte sie am Telefon und ergänzte: »Jemand gibt sich als Brian Jones aus und kauft jede Menge Busse auf. Bitte stornieren Sie die Bestellung.«

DO YOU THINK I REALLY CARE?

Nach Aussagen von Fotograf Gered Mankowitz, der Jagger, Richards und Wyman vor ihren Fahrzeugen

Volker Schlöndorff mit Anita Pallenberg bei der Arbeit am Film »Mord und Totschlag«.

Seinen 1959er Silver Cloud II wählte Jones nicht in der üblichen Zweifarbenlackierung; er ließ den Wagen erst Silbern, dann Schwarz lackieren. Ebenso exaltiert war das Kennzeichen des Wagens.

fotografierte (Aston Martin, MGB, Bentley), war Jones 1966 damals nicht Teil der Fotoserie, weil ihm gerade »das Fahren verboten worden war. Das Auto, ein weißer Rolls-Royce, war bei seinem Chauffeur.«

Sanchez war auch Zeuge einer Anekdote, die viel über Jones, seinen Drogenkonsum und seine Fahrweise aussagt. Sie trug sich 1967 im »Speakeasy« in der Margaret Street und vor allem auf den Straßen Londons zu, nachdem die beiden Männer (Jones und Sanchez) Kokain genommen hatten. Sanchez fuhr Jones in seinem offenen weißen Alfa Romeo Spider zu dessen Appartement. Darin befanden sich zwei lesbische Mädchen, mit denen er zusammenwohnte und die er am frühen Morgen gemeinsam zum Frühstück auf dem Antikmarkt auf der Kings Road in Chelsea einlud. »Wir stiegen in seinen Wagen, einen nagelneuen metallic-silbernen Rolls-Royce Silver Cloud mit schwarz getönten Scheiben und brausten los – Brian und ich vorne, die Mädchen auf dem Rücksitz«, so Sanchez. »Ich hatte von Anfang an den Verdacht, dass Brian nicht in der Verfassung war, allein geradeaus zu laufen, geschweige denn, einen Rolls steuern zu können, und schon nach wenigen Metern wurden meine Befürchtungen bestätigt. Brian bog schwungvoll um die Ecke in die Fulham Road ein und rammte geradewegs das Heck eines parkenden Wagens. Als er versuchte, den Rückwärtsgang einzulegen, war mir klar, dass er abhauen wollte. Aber bei dem Zusammenstoß hatte es kräftig gescheppert, und ich war sicher, dass etliche Leute gesehen hatten, was passiert war. Also sprang ich schnell aus dem Wagen und kritzelte ein paar erklärende Worte auf einen Zettel, den ich unter den Scheibenwischer des verbeulten Wagens klemmte.

»›Warum, zum Teufel, hast du das getan?‹, fragte ich, als ich wieder im Rolls saß. ›Der war mir im Weg‹, war sein einziger Kommentar. Ich versuchte, ihn zu überreden, mich die restliche Strecke zur Kings Road fahren zu lassen, aber er versteifte sich darauf, dass er völlig in der Lage sei, den Wagen selbst zu steuern. Wir fuhren in einem Zickzackkurs Richtung Chelsea wie in einem Slapstick-Film. Während der Fahrt war ich mehrmals gezwungen, mit einem Fuß auf Brians Seite hinüberzuschnellen und kräftig auf die Bremse zu treten, um einen weiteren Zusammenstoß zu verhindern. Und auf dem ganzen Weg starrten uns die Leute nach – eine Bande durchgedrehter Rockstars in ihrem total verrückten Rolls. Erstaunlicherweise erreichten wir den Antikmarkt ohne weitere Unfälle. Doch nirgendwo war ein Parkplatz frei, also schlug ich vor, Brian sollte schon mit den Mädels vorausgehen, während ich einen Parkplatz suchte.«

SPARKS WILL FLY

Zur endgültigen Trennung zwischen Brian Jones und Anita Pallenberg kam es während einer Urlaubsreise nach Marokko im März 1967. Zuvor hatte es am 12. Februar 1967 eine Polizei-Razzia in dem Landhaus Redlands von Keith Richards gegeben (siehe Kapitel 3). Um sich etwas Abwechslung zu verschaffen, wurde eine Fahrt ins Ausland geplant: »Wir nahmen den Bentley und düsten runter nach Marokko«, so Richards. »Anfang März machten wir uns aus dem Staub.« Zu den Passagieren gehörten außer ihm, Jones und Pallenberg auch sein neuer Fahrer Tom Keylock, der das Quartett zuerst nach Paris chauffierte. Dort nahmen sie eine Freundin von Pallenberg namens Deborah Dixon auf – und bald geschah der erste Zwischenfall:

In Torremolinos stahlen Jones und Pallenberg ein Auto und sie musste kurzzeitig ins Gefängnis. Außerdem, so Richards: »Während der gesamten Fahrt jammerte und nölte Brian herum, wie krank er sich fühle und dass er keine Luft bekomme. Niemand nahm ihn ernst. Sicher, Brian litt an Asthma, aber er war auch ein Hypochonder.« Er rauchte hinten im Bentley riesige Joints und wurde wirklich krank. Auch aufgrund dessen blieb er in Toulouse im Krankenhaus zurück und wurde wegen einer Lungenentzündung behandelt. Die anderen fuhren Richtung Tanger weiter und überließen ihn seinem Schicksal. »Irgendwo zwischen Barcelona und Valencia«, so Richards, kommt es zwischen ihm und Pallenberg während der Fahrt auf der Rückbank des Bentleys zu einem amourösen Abenteuer. Tatsächlich war sie froh, Jones los zu sein, der zuvor erneut handgreiflich geworden war. Bei einer früheren Auseinandersetzung hatte er sich dabei sogar die Hand gebrochen, als er nicht sie traf, sondern die Wand.

Jones schaffte es zwar später noch nach Tanger in Marokko, versuchte dort seine Freundin zurückzugewinnen, wurde aber wieder handgreiflich. Fahrer Tom Keylock ging dazwischen. Danach fiel Jones unangenehm auf, weil er sich u.a. mitten auf der Straße die Kleidung vom Leib riss. Nach der Reise zog Pallenberg zu Richards in dessen Londoner Wohnung. Zwar kam es noch zu einem gemeinsamen Besuch von Pallenberg und Jones bei der Premiere von Volker Schlöndorffs zweitem Spielfilm »Mord und Totschlag« im Mai 1967 bei den Filmfestspielen in Cannes, aber Richards war auch dabei. »Keylock war es dann auch, der mit Brian und dem Rolls-Royce in dem Auto in Cannes auftauchte«, so Volker Schlöndorff. »Da waren aber schon mehrere Zylinder durchgebrannt. Die waren damit mit der möglichsten Höchstgeschwindigkeit durch ganz Frankreich durchgebrettert, also musste das Auto in Cannes erstmal in die Werkstatt. In Cannes ist Anita von Brians Zimmer in das von Keith übergewechselt und es kam zu furchtbaren Auseinandersetzungen. Danach ist Anita mit Keith und dessen Bentley und Chauffeur nach Marrakesch gefahren. Brian dachte erst, die sind nach London, ist denen aber dann nachgeprescht. Weder der Bentley noch der Rolls-Royce waren für solche Verfolgungsjagden geeignet.«

»EINE BANDE DURCHGEDREHTER ROCKSTARS IN IHREM TOTAL VERRÜCKTEN ROLLS.«
– TONY SANCHEZ

Annäherungsversuchen von Jones ging Pallenberg künftig aus dem Weg. Terry Southern, Autor des Buches »The Early Stones«, nannte Jones einen »verletzlichen und sensiblen Mann sowie einen glühenden Frauenfeind und berüchtigten Frauenschläger.« Nach Aussagen von Ian Stewart war Jones »zwar krank, aber er tat nichts, um sich zu helfen. Er verschlimmerte es, indem er zu viel von irgendetwas nahm und benahm sich insgesamt sehr dumm.« Bei Studioterminen war er häufig geistig abwesend. Zum Teil saß er apathisch

Chauffeur und Tourmanager Tom Keylock und Brian Jones am 26. September 1968.

in einer Ecke, sodass die anderen nicht mit ihm arbeiten konnten, und probierte irgendetwas aus. »Er hat zu diesen Plattenterminen nicht wirklich etwas beigetragen«, so Stewart. »Er war entweder bekifft oder angepisst oder einfach nur krank, und sie hatten die Nase voll von ihm.«

ALL THE WAY DOWN

Das zum Teil krankhafte oder gar menschenverachtende Verhalten von Jones hatte sich bereits nach einem Auftritt in Paris 1965 gezeigt. Vom 16. bis zum 18. April traten sie im »L'Olympia« auf. Der Autor und PR-Mann Keith Altham, der dabei war, erinnert sich an die folgende Begebenheit: »Wir waren in Paris und der Tourmanager kümmerte sich darum, dass die Fans am Ende des Konzerts von den Autos herunterkamen. Ein Fan hing aber noch am hinteren Kotflügel des Autos. Brian Jones Kommentar war: ›Kannst du nicht schneller fahren? Ich will sehen, wie er dort herunterfällt‹.«

Am 10. Mai 1967 durchsuchte die Polizei Brians Wohnung. Er bekannte sich schuldig, Hasch geraucht zu haben, begab sich in die Obhut eines Psychiaters und wollte in eine Klinik gehen, doch kurz zuvor fand man ihn bewusstlos in seinem Appartement. Beim Verfahren am 30. Oktober wurde er zwar zu neun Monaten Gefängnis verurteilt,

Backstage, irgendwann in der zweiten Hälfte der 60er-Jahre.

kam in das Londoner Wormwood Scrubs Gefängnis und fuhr stilecht im Rolls-Royce dorthin, doch bei einem Berufungsverfahren ließ der Richter Milde walten. Er kam auf freien Fuß und erhielt drei Jahre Haft auf Bewährung. Am 21. Mai 1968 kam es erneut zu einer Razzia, bei der in einem Wollknäuel Marihuana gefunden wurde. Wieder kam er nur mit einer geringen Strafe davon, aber sein permanenter Ärger mit dem Gesetz barg die Gefahr, dass er für eine geplante USA-Tournee kein Visum bekommen würde. Weil er auch mehrfach die Proben versäumte, festigte sich der Entschluss der Band, ihn zu entlassen. Im November erwarb er von dem bekannten englischen Autoren Alan Alexander Milne, der die Winnie-Pooh-Bücher um »Pu der Bär« verfasst hat, das in East Sussex, nahe Hartfield gelegene Anwesen Cotchford Farm für 30.000 Pfund. Es liegt rund 70 Kilometer südöstlich von London. »Brian war kein besonders guter Fahrer«, so seine neue Freundin, die schwedische Tänzerin Anna Wohlin, die bei ihm einzog. »Er konnte sich nicht gut konzentrieren. Einmal passte er nicht auf, als ein Wagen von links kam und Vorfahrt hatte. Er trat mit voller Wucht auf die Bremse und vermied so im letzten Moment einen Unfall. Er war total schockiert, nannte sich einen wertlosen Fahrer und dass er keine Erlaubnis haben sollte zu fahren.« Späte Einsichten, doch wer gedacht hatte, dass er dank des neuen Heims, auf das er sehr stolz war, nun ein anderer Mensch wäre, der irrt.

Jones am 2. Juni 1967 nach einer Verurteilung wegen Drogenbesitz.

Die nächste Eskapade ließ nicht lange auf sich warten. Mit der Jaguar-Limousine der Stones, die seit dem Februar 1969 zum Inventar der Band gehörte, und eben nicht mit seinem Rolls-Royce, fuhr Jones einkaufen, fand den Wagen aber nach der Shopping-Tour nicht wieder. Anstatt sich darum zu kümmern, wo er den Jaguar gelassen hatte, mietete er einfach ein anderes Auto mit Chauffeur, der ihn nach Hause fuhr. Die Suche nach dem Jaguar überließ er Mitarbeitern, die stinksauer waren.

Zwischen dem 17. April und dem 23. Mai 1969 arbeiteten die Stones in den Olympic Sound Studios. Während dieser Zeit entstand auch das letzte gemeinsame Foto der Band nahe der Londoner Tower Bridge. Es wurde für das Cover des Kompilationsalbums »Through The Past, Darkly« verwendet. Im Mai raste Jones auf seinem Motorrad nahe seinem Haus in das Schaufenster eines Geschäftes und wurde ins Krankenhaus eingeliefert. Um große Publicity zu vermeiden, erlaubte man ihm dort unter einem anderen Namen behandelt zu werden.

Schon Ende Mai spielte Mick Taylor anstatt Jones bei den Aufnahmen in den Studios mit. Am 8. Juni 1969 besuchten Mick Jagger, Keith Richards und Charlie Watts Cotchford Farm. Sie kamen zusammen im weißen Mercedes von Mick Jagger, um Jones mitzuteilen, dass er die Gruppe zu verlassen habe. »Ich hörte, wie die Autotüren zuschlugen und der Mercedes ansprang und kurz darauf machten sich die drei auf den Weg zurück nach London – ein Mitglied weniger«, so Anna Wohlin in ihren Erinnerungen. Ironischerweise hatte Jones kurz zuvor mit ihr darüber gesprochen, für sie ein neues Auto zu kaufen: »Wir brauchen unbedingt ein Auto«, sagte Brian zu ihr. »Aber keinen Chauffeur. Ich hätte gern einen

Im November 1968 erwarb Jones das Anwesen Cotchford Farm, das einst Winnie-Pooh-Erfinder Alan Alexander Milne gehört hatte.

Mercedes, so wie Mick. Einen weißen Mercedes. Brian war beeindruckt von Mick Jaggers weißem Mercedes und fand ihn eines der schönsten Autos überhaupt.«

Kurz danach gab die Band eine Presseerklärung heraus, aus der hervorging, dass man künftig musikalisch unterschiedliche Wege gehen wolle. Glaubt man Jones und seinem Umfeld, wie etwa Alexis Korner, der ihn besuchte, fühlte er sich nach der Trennung befreit. Anna Wohlin erzählte später mehrere Geschichten über seinen (jetzt besseren) Umgang mit Menschen und Tieren. Dazu zählt auch eine Episode, die eine verletzte Katze betrifft. Er sah sie auf der Straße liegen, hielt umgehend mit seinem Wagen an, legte sie auf den Rücksitz und brachte sie zu einem Tierarzt. Dort sagte er, dass er die Kosten für die Behandlung übernehmen würde, erkundigte sich immer mal wieder nach dem Zustand des Tieres und rettete ihr dank seines Einsatzes das Leben. »Wie kann irgendjemand eine Katze anfahren und sie dort liegen lassen?«, sagte er zu Wohlin.

Nach den Erinnerungen von Marianne Faithfull fuhren sie und Jagger in seinem Bentley etwa zwei Wochen vor dessen Tod Brian Jones besuchen und trafen dort auch auf Tom Keylock. Währenddessen kam es zu einem Streit und einer Prügelei zwischen Jones und Jagger in dessen Verlauf Jones in den Wassergraben fiel. Vermutlich ging es dabei darum, dass Jones sich Geld leihen wollte, Jagger das aber ablehnte.

SAD DAY

Nur 26 Tage nach dem Besuch seiner Bandkollegen, am 8. Juni 1969, war Brian Jones tot. Janet Lawson, Krankenschwester und Freundin des Fahrers Tom Keylock, fand ihn nach Mitternacht des 3. Juli und nach einer Party auf dem Boden im außen gelegenen Swimmingpool seines Hauses auf der

Farm. Wohlin behauptete, dass er noch gelebt habe, als sie ihn aus dem Wasser zog. Die Polizei stellte »Tod durch Ertrinken« fest, aber die Umstände seines Ablebens sind weiterhin ungeklärt. Es ranken sich Gerüchte darum, ob er ertränkt wurde oder ertrunken ist, oder ob etwa starker Pollenflug zu einem Asthma-Anfall geführt hatte. Tatsache ist, dass er in finanziellen Schwierigkeiten steckte, Jagger um Hilfe bat, der jedoch ablehnte. Tatsache ist auch, dass er Renovierungen an seinem Haus vornehmen ließ, die unter der Anleitung des Bauleiters Frank Thorogood ausgeführt wurden, der mietfrei in einer Wohnung über der Garage wohnte und dem er noch 6.000 Pfund schuldete. Bei der Obduktion fanden sich keine Chemikalien in seiner Lunge, nur wenig Alkohol und lediglich rezeptfreie Pillen. Wurde er eventuell in einem Trog auf dem Gelände ertränkt und in den Pool geworfen? Hat es zuvor einen Kampf mit Thorogood im Pool gegeben? Der musste niemals vor Gericht zu dem Fall aussagen, soll aber angeblich auf dem Sterbebett gegenüber Tom Keylock im November 1993 zugegeben haben, Jones ertränkt zu haben. Keylock traf nach der Polizei als erster am Tatort ein. Angeblich weil es die Familie

Um Brian Jones Tod im Swimmingpool seines Hauses ranken sich bis heute Legenden.

so wünschte, verbrannte er viele persönliche Gegenstände von Jones und schützte Anna Wohlin vor dem Interesse der Medien. Auch Wohlin stützte die These, dass Jones keines natürlichen Todes gestorben ist. Eine Überprüfung des Falles von Seiten der Polizei in den Jahren 2009/10 ergab keine neuen Erkenntnisse. Die Akten sind für 75 Jahre unter Verschluss.

Laut einem Vertrag mit Allen Klein, dem Manager der Stones, sollte Jones nach Verlassen der Stones einmalig 100.000 Pfund bekommen haben und 20.000 Pfund für jedes Jahr bei der Band. Bei seinem Tod hatte er nichts. Nach verschiedenen Quellen wurde Jones von dem Fahrer Tom Keylock auch benutzt. Volker Schlöndorff traf sich in London mit Brian Jones, der dort die Musik für seinen Film »Mord und Totschlag« komponierte. »Zuerst holte mich Keylock mit dem Rolls-Royce vom Flughafen ab – das VIP-Treatment. Dann organisierte er alles, wurde auf einmal zum Produktionsleiter und handelte mit dem Olympic Sound Studio die Preise aus. Er nahm dicke Bargeldpäckchen – auch für sich selbst – entgegen, und die Fahrten mit dem Rolls-Royce berechnete er auch. Alles ging in seine Tasche. Der hatte etwas von einem britischen Gangster.« Bekannt wurde auch, dass Keylock nach Brian Jones Tod sogar Teile von dessen Kleidung mitnahm – und auch den Rolls-Royce. Als Wohlin zur Cotchford Farm zurückkehrte, war das Haus leer und die Garage auch. Den Mercedes hatte ihr Brian Jones nicht mehr gekauft.

Die Beerdigung von Brian Jones am 10. Juli 1969: V.l.n.r.: Jones jüngste Schwester Barbara, seine damalige Freundin Suki Potier, seine Eltern und Tom Keylock.

Die Himmelspforte mit Gitarre aus Blumen war ein letzter Gruß von Tom Keylock.

KAPITEL 2

MICK JAGGER »WIR PISSEN, WO WIR WOLLEN, MANN«

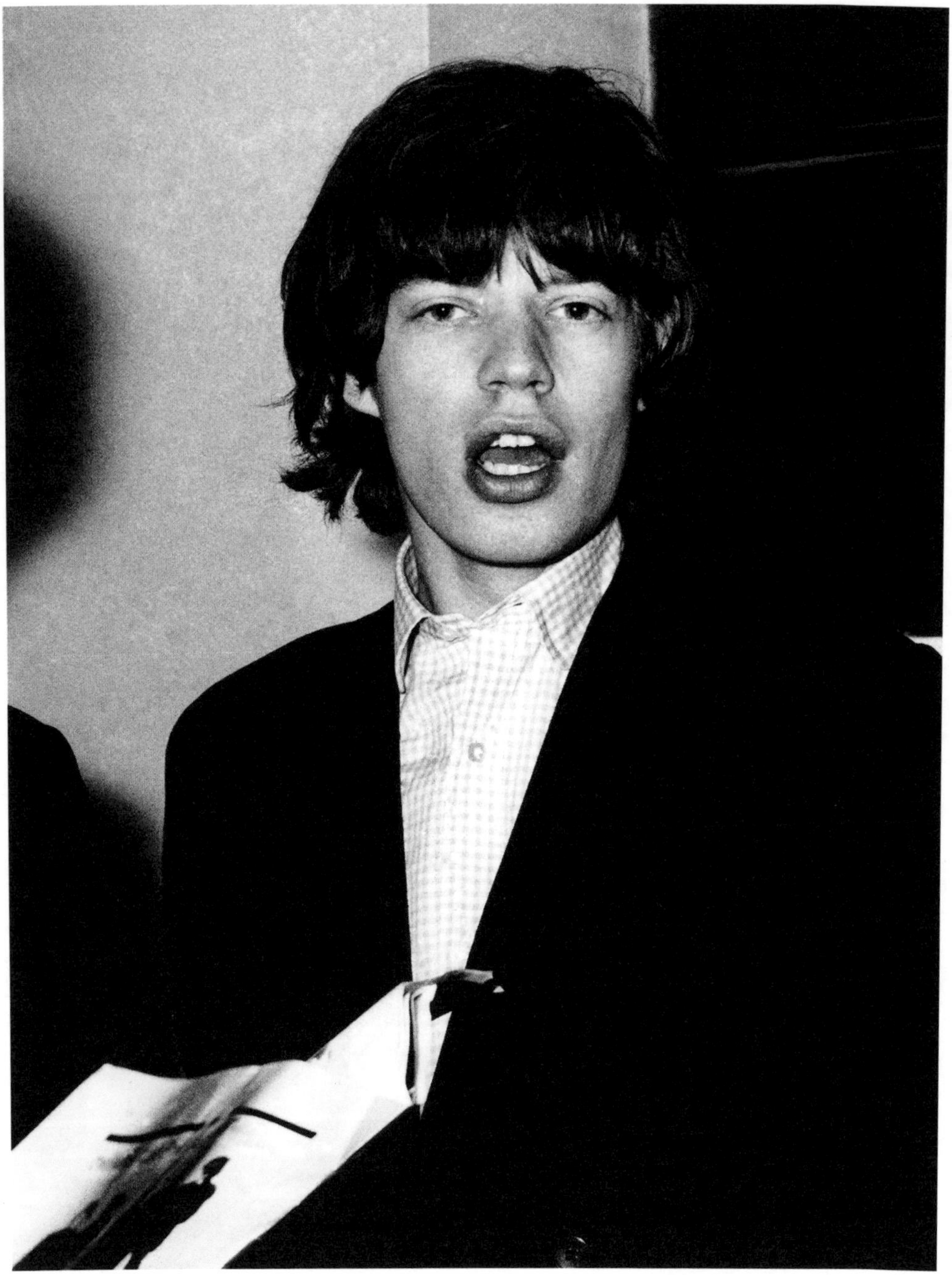

Mick Jagger hat schon als Kind immer gesungen – auch im Schulchor.

»WIR PISSEN, WO WIR WOLLEN, MANN« – DIE FAHRZEUGE VON MICK JAGGER (*26.07.1943)

(MINI COOPER S, MORGAN +8, ASTON MARTIN DB 6, BENTLEY, FORD GALAXIE 500, DAIMLER, AC COBRA, FERRARI 400i, MERCEDES 560 SEL, VOLVO KOMBI, PEUGEOT 505, OPEL, NISSAN MICRA)

Am 2. Juni 1953 wurde in der Westminster Abbey in London Elizabeth Alexandra Mary zur Königin von England gekrönt und regierte fortan als Queen Elizabeth II. Um den Feierlichkeiten zu folgen, wünschten sich viele englische Familien damals einen Fernseher. Das galt auch für Basil Fanshawe Jagger, der Joe genannt wurde, und dessen Frau Eva Ensley Mary. Sie waren die Eltern des damals knapp zehnjährigen Sohnes Philip Michael, der sich später Mick nannte. Der Junge träumte von etwas ganz anderem: einem roten Cadillac. An seinem Idol Elvis kann es nicht gelegen haben. Das erste Auto, das der Rock'n'Roll-Sänger besaß, war ein 1942er Lincoln Zephyr Club Coupé, das er am 8. Januar 1953 zu seinem 18. Geburtstag von seinen Eltern geschenkt bekam. Erst am 6. oder 9. Dezember 1955 kaufte sich Elvis seinen ersten Cadillac, einen hellen gebrauchten Fleetwood Series 60 Special. Erst vier Monate später ließ er dessen unteren Teil pink lackieren, aber rot war er nie (siehe: Motorlegenden – Elvis Presley). Tatsächlich kaufte Jagger in seinem Leben niemals einen Cadillac für sich, verschenkte aber einen. Er hatte einen sehr variablen Autogeschmack. Zu seinem Fuhrpark zählten Fahrzeuge aus verschiedenen Ländern: englische, amerikanische, italienische, schwedische und deutsche. Seine ersten automobilen Erfahrungen begannen jedoch mit einer Reihe von riskanten Erlebnissen und beinahe wäre er dabei sogar selbst unter die Räder gekommen.

GOOD TIMES

Philip Michael Jagger wurde am 26. Juli 1943 im Livingstone Hospital in Dartford, etwa 32 Kilometer südöstlich von London, geboren – genau dort, wo auch Keith Richards und Dick Taylor auf die Welt kamen. Sein Vater hatte 1938 an der East Central School in Dartford als Sportlehrer angefangen und sorgte auf eine zum Teil rigide Art und Weise dafür, dass Michael, und später auch sein am 19. Dezember 1947 geborener Bruder Chris, zu Hause viel Sport machten. »Ich musste jeden Tag jede Menge Übungen machen«, so Mick Jagger später in einem Interview. »Daran gewöhnt man sich, aber es gab Zeiten, in denen ich es gehasst habe. Rückblickend hat er mir in vielerlei Hinsicht einen Gefallen getan, denn

Michael und sein vier Jahre jüngerer Bruder Chris Jagger.

Touren sind wirklich anstrengend, wenn man nicht fit ist.« Der Vater, der während des Krieges seinem Vater häufig an einer neuen Tankstelle in der Brent Lane aushalf, verlangte ein tägliches Muskeltraining. Den Krieg überstand die Familie unbeschadet. Einmal schlug eine Bombe nur etwa eine Meile entfernt ein.

Im September 1947 wurde der junge Jagger in der Maypole Primary School eingeschult. Drei Jahre später wechselte er zur Wentworth Primary School und traf dort erstmals auf Keith Richards, aber eine dicke Freundschaft entwickelte sich nicht, obwohl der nur wenige Straßen von den Jaggers entfernt wohnte. Nach der bestandenen Eleven-plus-Prüfung bekam Michael ein Fahrrad und radelte ab sofort in seiner braunen Schuluniform zum Unterricht nach West Hill. Er sang im Schulchor, bekam eine Kindergitarre, übte aber nicht damit. »Ich habe als Kind immer gesungen«, erzählte Jagger einmal. »Ich spielte Popstar, war im Kirchenchor und nutzte jede Gelegenheit

Mick Jaggers Erfolg drückte sich auch in seinen Autos aus.

zum Singen. Es macht mir immer noch Spaß. Manche Leute singen und es wird zu einem Beruf, für mich ist es einfach eine Möglichkeit, mich auszudrücken und die Stimme zu einem Musikinstrument zu machen.« Bill Haley, Elvis, Little Richard und Buddy Holly fand er damals okay. Am 14. März 1958 fuhr er mit seinem Nachbarn und Schulfreund Dick Taylor per Zug nach Woolwich. Gemeinsam besuchten sie dort ein Konzert von Buddy Holly – es war Jaggers erstes. Bei Taylor in Bexleyheath hörte er auch die ersten Platten und wurde so ein Fan von Muddy Waters und Howlin´ Wolf. Sein Interesse am Blues begann. Wenn er Clubs besuchte, nahm er das Fahrrad. Nach und nach nahm der Gesang in seinem Leben einen größeren Stellenwert ein. Ende der 50er-Jahre sang er erstmals öffentlich und auch sein Berufswunsch stand fest: Journalismus. Doch bald stellte sich heraus, dass Journalismus »zu sehr nach harter Arbeit aussah«, so Jagger im Sommer 1961. Zwischenzeitlich wollte er Manager einer

Bank werden. Um sich etwas Geld zu verdienen, arbeitete er im Sommer als Portier des Bexley Mental Hospital, einer Einrichtung für Geisteskranke. In dieser Zeit verließ er die Dartford Grammar School, machte 1960 den Führerschein und bekam von seinem Vater auch die Gelegenheit zu fahren. Dank des Interesses seines Sohns am Basketball lieh er ihm das »Familienwohnmobil«, um damit zu Auswärtsspielen zu kommen. Nach Angaben von Jagger-Biograf Christopher Sandford war er »ein schrecklicher Autofahrer, der abwechselnd bremste und beschleunigte, während er sich exzentrisch zwischen den anderen Autos hindurchschlängelte und dabei ständig irgendwelchen Mädchen nachsah.«

I GOT THE BLUES

Schon Mitte der 50er-Jahre hatte Jagger mit Taylor, der gut Gitarre spielte, eine Garagen-Band gegründet, die u.a. Stücke von Muddy Waters coverte. Sie übten gemeinsam, traten aber nie auf. Jaggers Eltern mochten die Musik nicht. Sie empfanden sie als »laut«. Sein Vater nannte sie sogar »Dschungelmusik«. Diese Ablehnung hielt viele Jahre lang an. Bevor Michael Philip Jaggers Karriere langsam Fahrt aufnahm, begann er dank eines Stipendiums von 350 Pfund ein Wirtschaftsstudium an der »London School of Economics« (LSE). Um dort hinzukommen, fuhr er mit dem Fahrrad oder Bus bis zum Bahnhof in Dartford, danach mit dem Zug bis Charing Cross und lief schließlich bis zum Gebäude an der Houghton Street. Am 17. Oktober 1961 trafen sich Jagger, der sich zwischenzeitlich Mike nannte, und Keith Richards zufällig auf dem Bahnsteig 2 des Bahnhofs Dartford – eine Begegnung, die die Musikwelt verändern sollte. Das Besondere war, dass Jagger zwei Platten bei sich trug: Das Blues-Album »The Best of Muddy Waters«, wovon sich später der Bandname ableitete (siehe Kapitel 1) sowie »Rockin´ at the Hops« von Chuck Berry. Richards sprach ihn darauf an und erzählte im Zug, dass er Gitarre spiele und »alle Griffe« von Berry kenne. Kurz danach lud Richards Jagger zum Tee ein, sie hörten Platten und plauderten über Musik. »Er kannte Dick Taylor von einer anderen Schule, die sie besucht hatten«, so Richards »und so kam es, dass wir versuchten, etwas auf die Beine zu stellen. Wir gingen alle zu Dick Taylor nach Hause, ein paar andere Leute kamen vorbei und wir probierten ein paar Sachen von Little Walter und Chuck. Kein Schlagzeuger oder so. Nur zwei Gitarren und ein kleiner Verstärker.«

Die Band nannte sich zuerst »The Blue Boys«, dann »Little Boy Blue and the Blue Boys«. Mit dabei waren Schulfreunde und Teenager aus der Nachbarschaft wie Alan Etherington, der Rumba-Kugeln und Schlagzeug spielte, und Pianist Robert

Jagger lieh sich am Wochenende manchmal den Triumph Herald seiner Eltern aus (Bild), später auch deren Ford Consul.

Beckwith. »Jagger wurde hauptsächlich Sänger, weil er kein Instrument spielen konnte«, so Etherington. »In der Schule parodierte er Lehrer und Mitschüler, er konnte jeden Akzent imitieren.«
Am Wochenende durfte Jagger manchmal den Triumph Herald seiner Eltern benutzen, so Keith Richards, aber es ist ein anderes Auto, das entscheidend dafür wurde, dass die Band sich fand: Alan Etherington bekam von seinem Vater am 7. April 1962 einen Riley Pathfinder geliehen und die Band fuhr in ihm nach London. Sie parkten in der Madeley Road und besuchten den Ealing Jazz Club an der Adresse 42A The Broadway nahe der Ealing Broadway Station. Dort trafen sie auf Brian Jones.

»BEINAHE HÄTTE ES KEINE ROLLING STONES GEGEBEN.«
– DICK TAYLOR

HOW CAN I STOP

Interessanterweise erinnert sich auch Gitarrist Dick Taylor an eine Geschichte mit dem Wagen, die allerdings wesentlich dramatischer ablief: »Bevor es die Stones gab, hießen wir ›Little Boy Blue and the Blue Boys‹ und als wir zum Ealing Club fuhren, um Alexis Korner zuzusehen, fuhr ich mit dem Zug und der U-Bahn. Mick lieh sich den Wagen seines Vaters, einen Riley Pathfinder. Er fuhr mit Keith Richards und Alan Etherington einen Berg herunter auf einen Bahnübergang zu und die Bremsen versagten. Mick konnte den Wagen nur noch anhalten, indem er die Handbremse zog und den Wagen tatsächlich direkt vor den Gleisen stoppte. Beinahe hätte es also keine Rolling Stones gegeben.«
Die Begegnung mit Jones veränderte alles und die häufigen Besuche im Ealing Jazz Club auch. Jones spielte dort Slide-Gitarre, was Etherington als »eine Offenbarung« bezeichnete. »Er zog bald darauf in ein Loch – man konnte es wirklich nicht als Wohnung bezeichnen – in Notting Hill. Es lag auf dem Weg zum Club, also haben wir ihn dort oft abgeholt.« Doch das Interesse von Robert Beckwirth an der Musik nahm ab und Etherington verschlug es berufsbedingt nach Nord-England. So entstand eine neue Gruppierung von Musikern mit Brian Jones, Mick Jagger, Keith Richards, Tony Chapman (der im Januar 1963 durch Charlie Watts ersetzt wurde), Ian Stewart und George Perks, der sich später Bill Wyman nannte, der im Dezember 1962 dazu kam.

Alexis Korner schwärmte von der neuen

Dank eines Riley Pathfinder kam die Gruppe im Ealing Jazz Club zusammen.

Formation, und bezeichnete Mick Jagger als »den besten Sänger, den ich kenne« und ermöglichte es der Band, bekannt zu werden. Am 12. Juli 1962 kam es zum ersten Auftritt der neu formierten Gruppe im Londoner »Marquee Club« in der Wardour Street in Soho, in dem auch schon Muddy Waters aufgetreten war. Die Band nannte sich »the Rollin' Stones«. Die heute bekannte Schreibweise folgte später.

Jagger studierte derweil weiter. Er fuhr mit dem Bus zum College, arbeitete in der Bibliothek und reiste am Wochenende auch wieder mit dem Bus zurück nach Dartford. Zuhause lieh ihm sein Vater manchmal seinen Wagen, einen Ford Consul, um damit Clubs und Konzerte zu besuchen. Bis zum ersten eigenen Auto dauerte es noch. Gagen von fünf Pfund pro Auftritt erlaubten keine großen Ausgaben. Zu einem weiteren Auftritt der Band im Flamingo Club in Soho Ende Oktober 1962 fuhr die Band mit dem Bus. Auch weitere Engagements in Ealing und Sutton wurden per U-Bahn oder Bus absolviert – mit dem Equipment und noch ohne einen Tourbus. Den steuerte später Ian Stewart in Form eines Rover 12 und noch später eines VW-Busses bei (siehe Kapitel 4). Im Herbst 1962 verließ Dick Taylor die Stones. Er wollte sich auf sein Studium am Sidcup Art College konzentrieren, dort, wo Keith Richards zwar eingeschrieben, aber so gut wie nie anzutreffen war.

CRACKING' UP

»Die Band ist großartig, aber mit dem

Sänger werdet ihr es nie zu etwas bringen«, lautete das harte Urteil eines Managers der Schallplattenfirma Decca. Er sollte sich irren, aber das dauerte noch. Tatsächlich nahm die Karriere der Band erst im Frühjahr 1963 Fahrt auf. Nachdem sich eine Zeitlang Giorgio Gomelsky um ihre Auftritte gekümmert hatte, tauchte im April Andrew Loog Oldham auf, der zuvor Brian Epstein bei den Beatles assistiert hatte. Er übernahm das Management der Stones und engagierte Eric Easton für die Buchungen der Konzerte. Am 6. Mai wurde alles vertraglich besiegelt. Oldhams erster Eindruck von dem ersten Konzert, das er sah, schilderte er so: »Ich spürte, dass sie eine magische Anziehungskraft besaßen. Ich wusste, was ich da sah. Ich sah Sex.«

Oldham führte eine Reihe von Neuerungen ein, die das Band-Gefüge durcheinander warfen. Ian Stewart fungierte als Road Manager und stand nicht mit auf der Bühne. Die Verbeugungen am Ende der Auftritte, wie bei den Beatles, hörten auf. Die Anzüge verschwanden und wurden gegen lässige, zum Teil exaltierte Kleidung getauscht und Oldham lancierte Geschichten an die Medien, die den Stones ein »Bad Boy Image« attestierten – auch um einen Gegenpol zu den Beatles aufzubauen. »Die Leute sagten, dass ich die Stones gemacht habe«, so Oldham später, »aber das stimmte nicht. Sie waren schon da. Sie wollten nur ausgeschöpft werden.

Mick Jagger beim 4. Nationalen Jazz- und Bluesfestival, Richmond, London, 1964.

Als ich sie fand, waren alle böse Jungs. Ich habe nur das Schlimmste in ihnen zum Vorschein gebracht.«

Die beiden Gegenpole, die Beatles und die Stones, trafen sich zum ersten Mal am 14. April 1963 im Station Hotel in Richmond, das als Crawdaddy Club firmierte. Die Beatles besuchten den Auftritt der Stones, mochten ihre Show und sie verstanden sich so gut, dass sie sich im Anschluss in der Wohnung von Brian Jones an der Adresse 102 Edith Grove in Fulham trafen, wo inzwischen auch Jagger und Richards wohnten. Sie unterhielten sich die ganze Nacht.

Die Stones hatten ihre Programme bislang nur aus Coverversionen von US-Songs bestritten. Auch ihre erste Single »Come on«, die am 7. Juni 1963 in Großbritannien erschien, wurde ursprünglich von Chuck Berry aufgenommen. Darin ging es nicht nur um eine Trennung, sondern auch um ein kaputtes Auto. Die ersten beiden Textzeilen lauten:

Everything is wrong since me and my baby parted
All day long I'm walkin' 'cause I couldn't get my car started

Ein zufälliges Treffen im September veränderte alles, denn Oldham begegnete dem Songwriter Duo Lennon/McCartney. Nach Angaben des Managers verlief das in etwa so: »Hallo Andy. Du siehst aber unzufrieden aus. Was ist los?« ›Ach, ich bin am Ende. Die Stones wissen nicht, welchen Song sie aufnehmen sollen‹. »Wir haben einen Song, der fast fertig geschrieben ist. Den können die Stones haben, wenn du willst.« Das Stück »I Wanna Be Your Man« erschien am 1. November in Großbritannien, wurde zu einem kleinen Hit und erreichte immerhin Platz 12 der britischen Charts. Die Entscheidung von Jagger, einen Monat zuvor das LSE zu verlassen, war also genau richtig, denn bald etablierte sich die Gruppe. Vorlesungen störten da nur.

AS TEARS GO BY

Das neue Management schloss einen zunächst auf drei Jahre begrenzten Plattenvertrag mit Decca, sorgte für mehr Buchungen und auch für Auftritte in

Andrew Loog Oldham (Mitte), verschaffte den Stones ein neues Image.

Paul McCartney plädierte dafür, dass die Stones nicht ins Gefängnis müssen.

wichtigen TV-Shows wie »Thank Your Lucky Stars« und »Ready, Steady, Go!«. In den folgenden Monaten reisten die Stones durch ganz England, nach Wales und Schottland und traten dort auf. Oldham stellte jedoch schnell fest, dass die Band im Gegensatz zu den Beatles kein Autoren- und Kompositionsduo wie Lennon/McCartney hatte. Also entschloss er sich, sie zur Kreativität zu zwingen und sperrte sie zwischen September und November 1963 (angeblich oder vermutlich, die Quellen variieren) in der Küche ihrer neuen Wohnung in West Hampstead ein, um etwas Eigenes zu erschaffen. Dort wohnte Jagger mit seiner neuen Freundin Chrissie Shrimpton und Keith Richards zusammen. Heraus kam der Song »As Tears Go By«, an dem auch Oldham mitwirkte, den sie aber nicht gleich aufnahmen, denn ab dem 29. September stand die erste Tournee durch England und Wales an und am 7. Oktober die Aufnahme der zweiten Single, dem Beatles-Stück »I Wanna Be Your Man«. Sie erschien am 1. November.

Der Spätherbst 1963 und das Frühjahr 1964 brachten also eine Reihe von Veränderungen in Jaggers Leben. Während dieser Zeit kaufte Jagger sich auch sein erstes Auto, einen Ford Zephyr. Der Wagen wurde auch für die Fahrten zu Konzerten eingesetzt, um der Enge im VW-Bus von Ian Stewart zu entgehen. Die Gruppe teilte sich zumeist so auf, dass »Stu« Bill Wyman und Brian Jones fuhr, Jagger hatte Charlie Watts und Keith Richards an Bord. Das verlief nicht immer ohne Probleme. Als sie z. B. am 18. April durch Wolverhampton fuhren, wurde Jagger von »empörten Autofahrern wegen gefährlicher Fahrweise« der Polizei gemeldet, wie Wyman notierte. Er wurde angeklagt, weil er sein Auto ohne Versicherung, ohne Namen oder Adresse im Fahrzeugbrief und ohne Führerschein gefahren hatte. Ob er den Führerschein nur vergessen hatte, wurde nie geklärt. Die Polizei ging auf die Vorwürfe nicht weiter ein. Auf dem Weg zu einem Konzert in Birkenhead ein paar Tage später wurde Jagger wegen zu schnellen Fahrens angehalten. Nach dem Zwischenfall Anfang des Monats steckte er nun in Schwierigkeiten. Erst jetzt wurde ihm klar, dass seine neue Versicherung nicht mehr gültig war. »Sie war von seinem Vater abgeschlossen worden und deckte Mick nicht ab«, wie Wyman penibel in seinem Tagebuch notierte. Welche Konsequenzen das hatte, blieb unklar. Klar war jedoch, dass Jagger mehrfach mit dem Gesetz in Konflikt kam. So auch am 1. August. Weil Jagger zu schnell gefahren war, keine Versicherung hatte und wiederum keinen Führerschein vorzeigen konnte, verdonnerte ihn das Liverpool City Magistrates Court zu einer Strafe von 32 Pfund. Nach Aussagen des Gerichts war er in seinem Ford Escort, den er inzwischen anstatt des Zephyrs besaß, in einer 30er-Zone 50 Meilen gefahren. Er bekannte sich schuldig.

Mick Jagger vor dem Amtsgericht Tettenhall in Staffordshire, wo er am 26. November 1964 wegen dreier Verkehrsdelikte für schuldig befunden wurde.

Mick Jagger mit Chrissie Shrimpton am 9. Dezember 1965.

Am 14. März 1964 bekam das von Oldham angestrebte Image einen fulminanten Schub: »Would You Let Your Sister Go With A Rolling Stone?«, titelte der einflussreiche »Melody Maker«. Schnell begann eine Diskussion in England über Eltern, die ihre Töchter schützen müssten und Töchter, die die Frage sofort bejahten. Der Erfolg war immens. Die Stones waren in aller Munde. Neben den Auto-Unannehmlichkeiten erlebte die Band im selben Jahr auch noch eine ganze Reihe wichtiger Dinge. Bei einer von Oldham ausgerichteten Party am 27. März begegnete Jagger erstmals Marianne Faithfull, die im Sommer die Jagger/Richards-Komposition »As Tears Go By« singen sollte. Schon relativ kurz danach kam es zum ersten Annäherungsversuch. Auf der Rückfahrt von den Aufnahmen im Plattenstudio, bei denen auch Sally Oldfield dabei war, fragte er Faithfull, ob sie sich nicht auf seinen Schoß setzen wollte. Sie empfand das als einen Affront und nannte Jagger einen »frechen kleinen Lümmel«.

Die Band spielte aufgrund von mehreren England-Tourneen von Januar bis März 1964 immerhin 86 Konzerte (siehe Kapitel 9) und die vielen Reisen forderten schon bald ihren Tribut. Vor der ersten USA-Tournee, vom 5. bis zum 7. Juni 1964, gab es so etwas wie die ersten Ermüdungserscheinungen, denn die vielen Auftritte in Kinos, Theatern, Stadthallen, Getreidebörsen und sogar auf Kindergeburtstagen waren sehr anstrengend: »In fünf Jahren fahren wir höchstens noch im Rollstuhl auf die Bühne«, sagte Jagger einem Magazin. Kein Wunder, denn die Band allein im Jahr 1964 insgesamt 189 Konzerte. Doch in den USA kam es auch zu einem echten

Highlight: Nach Auftritten im kalifornischen San Bernardino und dem texanischen San Antonio reiste die Band zu Aufnahmen in die Chess Studios in Chicago und traf dort auf ihre Vorbilder Muddy Waters, Chuck Berry und Buddy Guy, was zu emotional berührenden Momenten führte.

IT'S NOT EASY

Am 26. Juni 1964, und nur zwei Wochen nach den Aufnahmen in Chicago, erreichte »It's All Over Now« Platz 1 der UK-Charts und wurde der erste große Hit für die Jagger/Richards-Kompositionen. »As Tears Go By«, gesungen von Marianne Faithfull, erschien auch erstmals in Großbritannien.

Einen Monat später zogen Jagger und Richards um, da das Gebäude in der Mapesbury Road 33 zunehmend von Fans belagert wurde, die sogar in den Garten eindrangen. Es ging an die Adresse Holly Hill 10a in den nur 2,7 Kilometer entfernten Stadtteil Hampstead. Oldham war ausgezogen, Jagger und Richards wohnten zum Teil mit ihren Freundinnen Chrissie Shrimpton, die als Sekretärin bei Decca arbeitete, und dem Model Linda Keith zusammen. Als bekannt wurde, dass Shrimpton Jaggers Partnerin war, führte dies zu eifersüchtigen weiblichen Fans und bedrohlichen Situationen, so die 19-jährige Shrimpton: »Die Fans griffen mich ständig an und bewarfen mich mit Gegenständen. Es war oft wirklich beängstigend. Ich weiß noch, dass wir uns manchmal im Auto gegen das Dach stemmen mussten, weil oben scharenweise junge Mädchen hockten, und wir fürchteten, erdrückt zu werden.«
Der Zufall sorgte dafür, dass sich Jagger und Alan Etherington, der frühere Mitschüler und Schlagzeuger der Vorgängergruppe »Blue Boys«, 1964 in der Londoner Innenstadt trafen. »Mick hatte einen Ford Zephyr und auf dem Rücksitz lag eine Flasche Whisky«, so die Erinnerung von Etherington. »Ich sagte: Das passt aber gar nicht zu dir, Mick!«, und er murmelte, das sei »nur für die Publicity.« Es diente dazu, sein Image als »bad boy« aufrecht zu erhalten. Tatsächlich trank er nur sehr wenig und vertrug dementsprechend nicht viel. In seiner Freizeit löste er Kreuzworträtsel und las gerne James-Bond-Romane. Auf sein Bestreben hin sah sich die Band auch die Filme an. Auch eine feste Beziehung passte nicht ins Bild. Bei öffentlichen Auftritten waren Shrimpton und er nicht zusammen zu sehen und auf der Straße musste sie ein paar Schritte hinter ihm gehen. Im November 1964 sah er sich erneut wegen gleich drei Verkehrsvergehen mit dem Gesetz konfrontiert. Er wurde bei Tettenhall in Staffordshire angehalten und später zu einer Geldstrafe von 16 Pfund verurteilt.

Der Reiseplan des Jahres 1965 war noch viel umfangreicher als der im Vorjahr. Die Stones traten in Australien, den USA, England, Skandinavien, Frankreich, Kanada, Schottland und Irland auf sowie zum ersten Mal in Deutschland

Jagger und Marianne Faithfull in seinem Morgan.

und Österreich. Zwischen dem 11. und 17. September gaben sie in Münster, Essen, Hamburg, München, West-Berlin und Wien Konzerte.

Im Frühjahr und Sommer des Jahres kam es sowohl zu einem riesigen Eklat als auch zu einer grundlegenden Veränderung im Management der Band. Das Drama begann am 18. März mit einer geplanten Pinkelpause. Angeblich sei – laut der Aussage von Charles Keeley, dem Geschäftsführer der Tankstelle Francis in Romford, das rund 16 Kilometer nordwestlich von London liegt – am späten Nachmittag eine schwarze Limousine vorgefahren, aus der ein »zottelhaariges Monster« ausgestiegen sei, das »in anstößiger Sprache« gefragt habe, ob er die Toilette benutzen könne. Als Keeley das ablehnte, seien »acht oder neun junge Männer und Frauen aus dem Wagen gesprungen und hätten an seine Mauer uriniert.« Hinzu kam, dass Mick Jagger angeblich gesagt habe: »Wir pissen, wo wir wollen, Mann.« Brian Jones und die anderen hätten diese Worte angeblich in einem »leisen Singsang wiederholt«. Das »zottelhaarige Monster« wurde später als Bill Wyman identifiziert und der Vorfall zog weite Kreise, denn es kam im Juni zum Prozess. Das Urteil lautete, dass Jagger, Wyman und Jones je fünf Pfund Strafe sowie die Kosten des Verfahrens von 15,75 Pfund bezahlen mussten. Außerdem bekamen sie eine Rüge. Die schwarze Limousine war der firmeneigene Daimler.

(I CAN GET NO) SATISFACTION

Musikalisch lief es dagegen hervorragend für die Band, die am 4. Juni 1965 in den USA das Stück »(I Can't Get No) Satisfaction« veröffentlichte, damit einen Welterfolg erzielte und den ersten Nr. 1 Hit in den USA.

Im August 1965 traf sich Andrew Loog Oldham mit dem Musikmanager Allen Klein, weil Oldham sich auch um andere Dinge und Bands kümmern und Klein Verantwortung für die Belange der Stones übertragen wollte. Klein sagte sofort zu und bot Oldham an, »Millionär« zu werden. Umgehend fragte er, wie er sich erkenntlich zeigen und was er sofort haben wolle. Oldham entgegnete: »Einen Rolls-Royce«. Klein erwiderte: »Den bekommst du.« Eric Easton, der Kollege von Oldham, der sich um die Buchungen der Konzerte gekümmert hatte, musste gehen. Den Job übernahm Klein auch.

Da die Band viele Termine hatte, viel durch Großbritannien fuhr und zum Teil von den Briten selbst aufgrund ihres Stils und Auftretens nicht gemocht wurde, stieg sie meist nur kurz an Raststätten und Tankstellen aus, um schnell etwas zu essen. Sie reiste überwiegend in dunklen Limousinen wie einem schwarzen Austin Princess. Als zusätzlicher Fahrer wurde im Herbst der Ex-Fallschirmspringer Tom Keylock engagiert, der im Norden von London eine Chauffeur- und Transport-Firma betrieb, die nur aus ihm und einer weiteren Person bestand. Als es ihm

Die Stones 1964 in den USA: Fan-Hysterie wie bei den Beatles.

1965 besuchten die Rolling Stones erstmals die Bundesrepublik. Am 15. September trat die Gruppe in Westberlin auf.

gelang, Jagger und Richards gefahrlos zum Flughafen Heathrow zu bringen, bot man ihm ein festes Engagement an. Mit Einfallsreichtum und mehreren ausgearbeiteten Routen brachte er die Bandmitglieder sicher zu Konzerten oder Hotels, trickste Fans und Paparazzi aus. Besonders erfolgreich war er bei einem Einsatz in Manchester, wo er einen Plan erstellte, der Jagger und Co. über Treppen, Dächer und Feuerleitern am 3. Oktober 1965 vom Hotel zum Odeon Theatre und zu (falschen) Fahrzeugen brachte, die nur dazu dienten, die sie verfolgenden Fans zu täuschen. Nach seinen Angaben fuhr Jagger »sehr schlecht«.

Der Band-Fuhrpark an schwarzen Limousinen mit abgedunkelten Fenstern, zu denen sich neben einem Austin Princess später noch ein Jaguar gesellte, zog immer mal wieder das Interesse der Polizei an, denn offensichtlich reisten nicht nur hochrangige Politiker darin. So kam es zu Fahrzeugkontrollen bei vermeintlichen Verkehrsverstößen und Autodurchsuchungen. Keylock fuhr aber nicht nur, sondern beschützte u. a. auch Anita Pallenberg vor den Schlägen von Brian Jones (siehe Kapitel 1) und schlug 1967 einen Fan, der während eines Konzerts in Zürich auf die Bühne sprang und versuchte, Jagger zu belästigen. Er traf ihn so heftig, dass er sich die Hand brach. Außerdem fuhr er Jagger zu Gerichtsterminen und Keith Richards in dessen blauen Bentley nach Marokko (siehe Kapitel 3). Jagger selbst zeigte sich nach den vielen Erfolgen spendabel. Er schenkte Chrissie Shrimpton einen weißen Mini, obwohl sie noch gar nicht fahren konnte.

EVERYTHING IS TURNING TO GOLD

1966 leistete sich Jagger eine neue Wohnung in der vierten Etage des Harley House an der Marylbone Road, wo auch Shrimpton mit ihm wohnte, aber bei öffentlichen Auftritten verleugnete er sie noch immer. Außerdem kaufte er sich einen weißen Bentley und zusätzlich, vermutlich im Juli, einen dunkelblauen Aston Martin DB 6 (DB6/2545/R, Kennzeichen: KJJ 4D), dessen Basispreis 4.998 Pfund betrug. Der verfügte zusätzlich über einen eingebauten Plattenspieler, was ihn sicher teurer gemacht hat. Der James-Bond-Fan entschied sich für das Nachfolgemodell des DB 5, der in »Goldfinger« (1964) und »Feuerball« (1965) Filmgeschichte geschrieben hatte und kaufte ihn im Sommer via Brydor Cars, dem Autozwischenhandel, den Beatles-Manager Brian Epstein und Autohändler Terry Doran gegründet hatten. Stolz wie er war, ließ er sich auch im Sommer von dem Stones Fotografen Gered Mankowitz in der Nähe seines Apartments im Harley House zwischen Marylbone Road und Regent´s Park vor und in dem Wagen ablichten. Dabei entstand auch das Bild, das das Cover dieses Buches ziert. »Jagger war den ganzen Tag in einer tollen Stimmung, also machten wir ein paar alberne Bilder«, so

Die Polizei nimmt Mick Jagger fest, nachdem er des illegalen Besitzes von Aufputschmitteln für schuldig befunden wurde (1967).

Mankowitz. »Daher saß er nicht nur mit gekreuzten Beinen vor dem Wagen auf der Straße, sondern auch mal im geöffneten Kofferraum. Ein weiteres Bild zeigt, wie er auf dem rechten Holm unter der Fahrertür steht.« Mankowitz ergänzt, dass Jagger »kein besonders guter Fahrer war. »Es gibt mehrere Fotos von ihm mit seinem Auto mit Kratzern, Schrammen oder Beulen, die er sich auf den Londoner Straßen geholt hat.«

»JAGGER FUHR SEHR SCHLECHT.«
– CHAUFFEUR TOM KEYLOCK

Zu Chrissies 21. Geburtstag am 15. Juli 1966 kaufte er ihr eine weiße Perserkatze, doch der Transport im Aston war nicht einfach, wie Jagger-Biograf Philip Norman herausfand: »Er hatte damals einen neuen, nachtblauen Aston Martin und fuhr damit die Katze nach Hause – ohne Reisekorb«, so Shrimpton. »Er kam rein und sagte: ‚Sie ist im Auto … ich kriege sie nicht raus. Sie hockt unter dem Sitz.' »Ich erwartete eine kleine weiße, flauschige Fellkugel. Doch als ich die Hand unter den Sitz schob, kratzte mich dieses dünne, rattenähnliche Ding. Es war ein Siamkater. Mick hatte sich in der Rasse geirrt. Das Tier hatte furchtbare Angst und man weiß ja, wie sie schreien können. Aber dieser Kater schrie sogar, wenn er fraß. Deshalb brachten wir ihn zurück und tauschen ihn gegen eine Katze aus demselben Wurf. Ich nannte sie Grace.«

Leider hatten Shrimpton und er am 28. August 1966 mit dem neuen Wagen auf der Great Titchfield Street in London einen Unfall. Er wurde nur etwas über einen Kilometer von seiner Wohnung von einem Ford Anglia touchiert, der der Countess of Carlisle gehörte. Die Tür der Beifahrerseite und der hintere linke Kotflügel wurden in Mitleidenschaft gezogen. Obwohl ihnen nichts passiert war, war der stolze Eigentümer entsprechend sauer: »Ich hatte das Auto gerade mal seit drei Wochen. Die Reparatur kostete mich 200 Pfund.«

Schon im Juni 1966 hatte die Single von »Satisfaction« Platz 1 in Großbritannien und den USA erreicht. Er konnte sich die Reparatur also leisten. Angeblich soll er den Wagen später in Zahlung gegeben haben, um sich für einen Mini zu entscheiden, aber ob das stimmt und wann das war, ist unklar. Sicher wahr ist aber, dass er sich 1967, auch via Brydor, einen dunklen (entweder schwarz oder dunkelblau) Mini Cooper S anschaffte, der danach noch von der Tuning-Firma Wood & Pickett überarbeitet und u. a. mit getönten Scheiben, Webasto-Schiebedach, Cosmic-Felgen, Spiegeln auf den Kotflügeln und verchromten Zierringen an den Seiten ausgestattet wurde

Jaggers neuer Aston Martin DB 6 wurde am 28. August 1966 in London angefahren.

(Kennzeichen OGO 668E). Im April 1967 war der Wagen am Londoner Flughafen Heathrow zu sehen, am 1. August mit Marianne Faithfull außerhalb des Gerichts der englischen Hauptstadt, denn dort war Jagger wegen Drogenbesitzes angeklagt.

Shrimpton hatte er fallen lassen und Faithfull dem Künstler John Dunbar ausgespannt. Sie hatte ihn schon im Frühjahr 1967 auf einer Tournee durch Italien begleitet und zum Teil schockierende Eindrücke seines Lebens wahrgenommen: »Junge, männliche Groupies griffen immer wieder die Limousinen an, schaukelten sie hin und her und versuchten, sie umzukippen«, so Faithfull. »Es gibt groteske Fotos aus dem Wageninneren von Händen und Gesichtern, die gegen die Scheiben gedrückt sind und aussehen wie Tiergesichter. Bacon-Gemälde. Bei den Konzerten zogen sich Mädchen die Schlüpfer aus und warfen sie auf die Bühne. Die Stones erhielten einen ersten Vorgeschmack, wie es ist, ganz groß rauszukommen.«

Dunbar und Faithfull waren seit dem 6. Mai 1965 verheiratet und am 10. November 1965 Eltern von Sohn Nicolas geworden, doch nun kümmerte sich Jagger rührend um Sohn und Mutter. Bei Harrods kaufte er für ihn ein »leuchtendes Dreirad« und sie beschenkte er mit einem weißen Mini. Zu ihrem 21. Geburtstag am

29. Dezember 1967 wollte er sie zusätzlich mit einem Wagen erfreuen, den Ian Stewart besorgen musste. Das Präsent barg jedoch gewisse Schwierigkeiten, wie Faithfull in ihrem Buch »Memories« schrieb: »Man kann sich kein schöneres Auto vorstellen als das, mit dem er wiederkam. Ein 1927er Cadillac, ein Bonnie-und-Clyde-Wagen in einem unglaublichen Beige mit einem roten Streifen, wo die Autotüren aufgingen. Das war cool! Aber trotz aller Bemühungen Micks kam ich nie damit zurecht. Es war, als würde man einen Panzer aus dem Ersten Weltkrieg lenken. Er hatte einen Schaltknüppel und all das, aber ich konnte kaum was sehen, denn meine Nase reichte gerade mal bis zur Windschutzscheibe.«

YOU CAN'T ALWAYS GET WHAT YOU WANT

Anfang 1968 kaufte Jagger sich ein Haus am Cheyne Walk 48 für 50.000 Pfund, in dessen Nachbarschaft sich später auch Keith Richards niederließ (Cheyne Walk 3) und Ron Wood das Haus Nr. 103 als Investition kaufte. Jagger wollte Marianne Faithfull heiraten und Kinder haben, aber sie war nicht mal geschieden und lehnte ab. Dann erlitt sie eine Fehlgeburt mit einem Mädchen. Ein möglicher Grund war ihre zunehmende Drogensucht, die das Paar vor große Probleme stellte. Sie fing sogar eine Affäre mit dem Drogendealer Tony Sanchez an, um so an mehr Stoff zu kommen. Um die Beziehung wieder zu stärken und dem Trubel in England zu entgehen, reiste das Paar mit Keith Richards und Anita Pallenberg im selben Jahr via Lissabon per Schiff nach Brasilien. Unterwegs schrieb Jagger den Song »You Can't Always Get What You Want«, der aber erst am 4. Juli 1969 erschien, und das Stück »Sister Morphine«, das gemeinsam mit Faithfull und Richards entstand. Es dreht sich um einen Mann, der einen schrecklichen Autounfall hatte. Außerdem entstand der Name »Glimmer Twins« unterwegs. Das Duo Jagger/Richards gab ihn sich, weil eine ältere Mitreisende sie hartnäckig befragte, ob sie die beiden nicht vielleicht kennt und ob sie berühmt seien.

Nach der Trennung von Brian Jones engagierten die Stones Mick Taylor, der zuvor mit John Mayall gespielt hatte, als neuen Gitarristen. Am 5. Juli 1969 trat er erstmals mit der Band beim Tribut-Konzert für Jones auf und blieb für fünf Jahre – auch wenn er anfangs nur eine bescheidene Gage von 150 Pfund pro Woche bekam. Am 6. Dezember wurde beim kostenlosen Open-Air-Konzert auf dem Altamont Speedway nahe San Francisco vor den Augen der Stones ein Zuschauer von einem der Hells Angels, die als Sicherheitsdienst fungierten, erstochen und das sorgte für viel Wirbel und aufgrund der Auswahl der Rocker für viele Schuldzuweisungen. Auch in England rollten eine Reihe von Problemen auf die Band zu. Das größte war, dass Allen Klein mit den Stones Verträge gemacht hatte, deren Tragweite selbst der frühere Wirtschaftsstudent Mick Jagger nicht durchblickt hatte. Sie besagten, dass Klein die Rechte an den früheren Songs

Nach einem TV-Auftritt in Manchester am 11. März 1965.

hatte und der Band große Steuerschulden angelastet wurden. Das Resultat war radikal: Andrew Loog Oldham musste gehen, der Finanzberater Prince Rupert Loewenstein kam, und die Band musste England verlassen – sozusagen ins Exil.

IN ANOTHER LAND

Das Exil begann im April 1971 und lag in Frankreich. Der kreative Schaffensort war die gemietete Villa Nellcôte nahe Villefranche-sur-Mer. Das Ergebnis ihres Aufenthalts war das Doppelalbum »Exile on Main St.«, das überwiegend im Keller des Hauses entstand, das zu einem Tonstudio umgebaut wurde, und im mobilen Aufnahmestudio in einem BMC-Laster, den Road-Manager Ian Stewart dorthin brachte (siehe Kapitel 4). Da es immer wieder Stromversorgungsprobleme gab, kam Stu auf die Idee, die Leitungen der französischen Eisenbahngesellschaft SNCF anzuzapfen, was problemlos funktionierte. Richards wohnte in der Villa, Jagger in Biot, am Stadtrand von Antibes. Für die Fahrten kaufte er sich ein Honda Motorrad, nachdem er keine Harley-Davidson finden konnte. Im Laufe der Jahre hatte er mehrere Motorräder. Dazu zählten schon zuvor eine grün/schwarze Honda CB 350 und Jahre später eine silberne BMW R 90S, eine silber-schwarze BMW F700 GS mit Topcase und ein Quadbike. Das Doppelalbum »Exile on Main St.« kam am 12. Mai 1972 heraus und gilt als Klassiker.

Während der Arbeit an der Platte heiratete Mick Jagger unter großer

Marianne Faithfull mit dem von Wood & Pickett überarbeiteten dunklen Mini.

Medienaufmerksamkeit am 12. Mai 1971 die aus Nicaragua stammenden Bianca Perez-Mora Macias in St. Tropez. Als Fahrzeug der Brautleute diente ein (gemieteter) weißer Bentley, der aufgrund des Trubels einige Beulen abbekam. Auch ein Wagen aus dem Fuhrpark von Jagger war in Südfrankreich dabei. Schon 1968 hatte er einen zitronengelben Morgan +8 mit Gepäckträger und ohne Speichenfelgen erworben, in dem er häufiger mit Marianne Faithfull unterwegs war. Der Zweisitzer (Kennzeichen: XWP 48G) wurde mehrfach vor dem Hotel Byblos gesehen, in dem das Brautpaar wohnte. Interessanterweise beschenkte Keith Richards als er den Wagen sah auch Anita Pallenberg mit einem Morgan, wie Regisseur Volker Schlöndorff sich erinnert. Er war in London bei einem Abendessen von Jagger, Faithfull und Pallenberg zu Gast und sah den »weißen oder silbernen, aber sicher nicht gelben« Wagen dort.

Noch in den 70er-Jahren trennte sich Jagger von dem Morgan und im Sommer 1973 bot der Sender KFRC-AM in San Francisco den Wagen an. Eric Chase arbeitete dort und kümmerte sich um die Aktion. Es war eine Promotion-Aktion des Store-Managers Dave Haymes von Atlantic Records, der damaligen Plattengesellschaft der Rolling Stones und Tower Records, dem Schallplattenhändler in Nordkalifornien. Sie versteckten die Schlüssel des Wagens und gaben dann kleine Hinweise bekannt, wo sie sich befinden könnten. Die richtige Antwort war London Bridge in Lake Havasu, Arizona. Der Gewinner der PR-Aktion wurde dort hingeflogen, wo ihm ein Mitarbeiter von Atlantic Records den Schlüssel und den Wagen übergab.

Als »Exile on Main St.« Anfang 1972 in den Sunset-Sound-Studios in Hollywood abgemischt wurde, mietete sich Jagger einen Cadillac und nutzte ihn, um damit von seiner gemieteten Villa in Los Angeles den Sunset Boulevard entlang zum Studio zu fahren. Er war vorsichtig und »bremste aufmerksam vor allen

Fußgängern ab«, so Autor Christopher Sandford. »In seiner Jugend war er ein unzuverlässiger Fahrer, wurde aber mit den Jahren sicherer.« Vor der Studiotür gab Jagger entspannt Autogramme.

Während seiner Aufenthalte in den USA, ob 1972, früher oder später ist nicht geklärt, erwarb Jagger ein schwarzes Jaguar E Coupé der Serie 2 (Chassis Nr. 1R26216) und nutzte es, um damit zu verschiedenen Plattenstudios zu kommen. Er gab den Wagen später an einen Schlagzeuger weiter, der bei den Aufnahmen mitspielte. 1977 verkaufte der ihn an einen gewissen Victor McCain. Der setzte ihn in der TV-Serie »CHIPs« für Hintergrundszenen ein, die ab demselben Jahr in den USA lief und fuhr ihn darin auch immer mal wieder. Später ließ er ihn silbern lackieren und integrierte rote Ledersitze. Der Wagen hatte ab Werk ein Sonnendach, eine Klimaanlage und eine Jensen Stereoanlage. Ab 1992 stand er nur und wurde am 11. Juni 2003 mit angeblich nur 38.303 Meilen auf dem Tacho erst in Jaguar-Foren und dann via ebay.com in den USA angeboten. Danach verliert sich seine Spur.

Knapp fünf Monate nach der Hochzeit mit Bianca kam Tochter Jade in Paris zur Welt. Im Juli 2011 brachte Mini ein auf 1.000 Stück begrenztes Mini Sondermodell heraus, das Jade Jagger autorisierte. Die Ehe mit ihrer Mutter hielt bis 1978. Wie bei Marianne Faithfull auch spielte wiederum der Kontakt in einem

Jagger (mit Marianne Faithfull) am Steuer seines weißen Mercedes, der Brian Jones schwer beeindruckte.

Auto eine Rolle bei der Nachfolgerin von Bianca Jagger. Schon im Sommer 76 lernte Jagger in den USA das amerikanische Fotomodell Jerry Hall kennen und »presste« nach ihrer Aussage »in einer Limousine seine Knie« an ihre und sie fühlte sich »wie elektrisiert«. Zu der Zeit war sie noch die Verlobte von Roxy-Music-Boss Bryan Ferry, für dessen Album-Cover »Siren« sie posiert hatte. Ab Sommer 1977 waren Jagger und Hall ein Paar und blieben es für 22 Jahre. Mit Hall fuhr er in einem amerikanischen Mietwagen durch Arizona. »Wir hatten Pistolen und spielten Gesetzlose«, so die Texanerin, die außerdem erwähnte, dass Jagger Country- und Westernmusik mochte. Er beschenkte sie bei einem Weihnachtsfest mit einem Traktor, zwischenzeitlich mit einem Mercedes Kombi, den sie später an seinen Bruder Chris weitergab, und zusätzlich mit einem Ford Bronco für ihre Farm in Lone Oak: Sie liegt rund 100 Kilometer östlich von Dallas. »Erst gab er mir einen kleinen Spielzeug Bronco, und danach wurde der Große geliefert«, so Hall. »Es war so süß.«

In den Jahren 1973 bis 1985 veröffentlichten die Stones sieben Alben, Mick Taylor ging 1974 und wurde durch Ron Wood ersetzt (siehe Kapitel 7), sie waren siebenmal auf Tournee – in Europa, den USA und der Pazifikregion – und gaben währenddessen 254 Konzerte. Ein monströses Programm mit ebensolchen Einnahmen, aber merkwürdigerweise bekam Jagger von Platten und Konzerten nicht genug. Als er Mitte 1985 mit

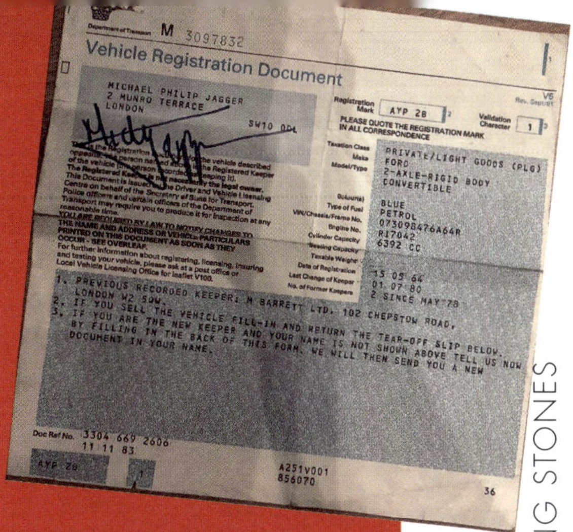

Am 11. November 1983 ausgestelltes »Vehicle Registration Document« für Jaggers Ford Galaxie 500.

»She´s the Boss« das erste Solo-Album herausbrachte und einen Vertrag über drei Solo-Platten abschloss, hing nicht nur bei den »Glimmer Twins« mächtig der Haussegen schief.

ANGRY

1983 hatte er noch versucht, die Wogen zu glätten und wurde bei Ferrari vorstellig. In einer konzertierten Aktion kaufte er dort acht Ferrari-Limousinen vom Typ 400i, die alle unterschiedlich ausgestattet waren, je nach Wunsch. Seiner war z.B. blaumetallic, innen blau und hatte ein Automatikgetriebe. Der von Richards war schwarz, handgeschaltet und auch innen blau, der von Wyman silbermetallic, rechtsgelenkt mit Automatikgetriebe und innen zweifarbig blau. Doch Richards konnte das nur bedingt trösten. Ihn störte der Alleingang von Jagger sehr, auch, dass er »immer alles kontrollieren wollte.« In seiner Autobiografie heißt es dazu: »Wir haben

Dieser Ford Galaxie 500 wurde am 11. November 1983 auf Mick Jagger zugelassen.

zusammen viele Lebensphasen durchgestanden«, so Richards. »Ich liebe ihn von Herzen. Aber so nah wie am Anfang sind wir uns schon lange nicht mehr.« Es folgte eine vor allem öffentlich ausgetragene Schlammschlacht in der Jagger u. a. folgendes sagte: »Ich liebe Keith, ich bewundere ihn … aber ich glaube kaum, dass wir je wieder zusammenarbeiten können.« Erst 1986 brachten die Stones mit »Dirty Work« wieder ein gemeinsames Album heraus.

In den 80er-Jahren frönte Jagger seiner Leidenschaft für eher exotische Fahrzeuge. Am 11. November 1983 wurde ein hellblauer Ford Galaxie 500 auf Philip Michael Jagger, wohnhaft 2 Munroe Terrace, in London zugelassen (Kennzeichen: AYP 2B). Nach Aussagen seines Bruders Chris, der von dem aktuellen Eigentümer Dr. Ernst Schulte-Wintrop aus Berlin kontaktiert wurde, hatte er den Wagen aber nicht lange. Er schrieb: »Anscheinend war er nicht zum Herumfahren in London geeignet – und außerdem nicht sehr verlässlich.« Das rechtsgelenkte Cabriolet mit beigem Dach verfügt über einen 390-cui-Motor mit 6,4 Liter Hubraum (6392 ccm). Es wurde in Kanada gebaut und ging zunächst an den englischen Hotelier Norman French vom Somerset House Hotel. Jagger war der dritte Eigentümer. Wie lange er ihn tatsächlich besessen hat, ist unklar. Eine Zeitlang stand er in der Yorkshire Car Collection, gelangte über die Pariser Rétromobile an den Händler Axel Schütte aus Oerlinghausen und später an den Berliner.

1984 leistete sich Mick Jagger einen seltenen Ferrari 288 GTO, dessen Grundpreis damals 265.000 Mark betrug, wovon nur 272 Stück entstanden. Außerdem

Jagger gab seinen Galaxie bald nach dem Kauf wieder ab.

bereicherte eine AC Cobra Replica in Schwarz mit weißen Streifen seine Kollektion. Er erwarb den V8 mit 450 PS im Oktober 1985 in London (Kennzeichen: Q972 PGT) über die Firma »Rolling Stones Productions« in der 26 Beckwith Road. Der Wagen gelangte über einen deutschen Kunden, der ihn in London erwarb, an den Spanier Pedro Barahona, den Sohn des Chefs des Casa Manolo Restaurants in Ses Salines im Süden von Mallorca. Anfang 2002 ging er in dessen Eigentum über. Er musste ihn aber erstmal komplett restaurieren. Als Maschinenbauingenieur und ausgebildeter Pilot kümmerte er sich selbst darum und benötigte acht Jahre, bevor er wieder fuhr.

Anfang der 90er-Jahre kaufte Jagger das Londoner Downe House auf dem Richmond Hill 116 in Richmond upon Thames, wo er gesehen wurde, wie er auf dem Fahrrad von Laden zu Laden fuhr, um einzukaufen. Ein Fahrrad der Marke Condor, das er mal besaß, tauchte bei ebay auf. In Richmond lebte er bis zur Trennung im August 1999 gemeinsam mit Jerry Hall. Sie blieb dort. In den 90er-Jahren wandte sich Jagger der Marke Mercedes zu. Am 30. März 1990 wurde ein rechtsgelenkter 560 SEL in blaumetallic (nautic blue) mit Automatikgetriebe auf ihn zugelassen. Er verfügte über getönte Scheiben hinten, ein Autotelefon und einen Fernseher. Da er aber rasch überhitzte, wurde er wieder ausgebaut. Bill Wyman kaufte ihn von Jagger. Seit 2018 steht er im Stones Fanmuseum in Lüchow. Außerdem besaß Jagger einen Mercedes 360 SEL 6.3, einen schwarzen S 550 und einen schwarzen Land Rover Defender. Aufgrund der vier Kinder von Jagger und Hall, die zwischen 1984 und 1997 geboren wurden, kam in den 90er-Jahren auch noch ein Volvo Kombi hinzu. Auf seinem 1980 erworbenen Anwesen Château de Fourchette, einem Schloss aus dem 18. Jahrhundert, das nahe Pocé-sur-Cisse und rund 220 Kilometer südwestlich von Paris an der Loire liegt, wurde er häufig in einem »alten Peugeot 505« gesehen. Außerdem war er nach Angaben von Biograf Philip Norman, auch »unauffällig in einem alten Opel Kombi oder einem bescheidenen Nissan Micra« unterwegs.

Nicht gerade Sportwagen und somit auch nicht die Erfahrung, die die Stones in dem 1994 veröffentlichten Song »Brand New Car« zum Ausdruck brachten. Er erschien auf dem 20. Studioalbum

Ein Gruß für die Fotografen: Jagger und Jerry Hall amüsieren sich.

EIN ROLLING STONE FÜR DAS VOLK

1995 brachte der VW-Konzern das Golf 3 Sondermodell »Rolling Stones Collection« heraus, das es als Limousine und als Cabriolet gab, und zwar sowohl als Benziner als auch als Diesel. Die 1,4- bis 1,9-Liter-Motoren verfügten über 60 bis 90 PS. Es standen 15 Farben zur Verfügung. Anlässlich der »Voodoo Lounge«-Tour spielten die Stones am 25. August 1995 auf dem Parkplatz Ost des VW-Werks in Wolfsburg. Dort waren ca. 90.000 Besucher zu Gast. Während der Tournee spielte erstmals Darryl Jones anstatt von Bill Wyman den Bass. Wyman hatte die Band im Dezember 1992 verlassen.

»Voodoo Lounge« und darin heißt es:

I got a brand new car
And I like to drive real hard
I got a brand new car
And I'm feeling good so far

Im Text des Blues-Stücks wird der »Brand New Car« im Rahmen einer Reihe von sexuellen Anspielungen mit einer Frau verglichen.

YOU BETTER MOVE ON

Und was war nun mit dem anfangs erträumten Cadillac? Der Wunsch des Jungen Philip Michael Jagger aus den 50er-Jahren ging zumindest in Teilen in Erfüllung. Im Verlauf der vierten USA-Tournee, die im Oktober 1965 begann, stieg die Band auch im New Yorker City Squire Hotel ab. Aufgrund der vielen Fans, die das Hotel belagerten, hatte Jagger auch Angst um sein gemietetes Auto – ein schwarzes Cadillac Coupé. Also wurde der Wagen mit einem privaten Lastenaufzug ins oberste Stockwerk des Hilton gebracht. Jagger sagte dazu: ›Ruhm, … endlich‹.«

KAPITEL 3

KEITH RICHARDS
»ICH BIN EIN GUTER AUTOFAHRER. ABER WER IST SCHON PERFEKT?«

»ICH BIN EIN GUTER AUTOFAHRER. ABER WER IST SCHON PERFEKT?«

DIE FAHRZEUGE VON KEITH RICHARDS (*18.12.1943)

(BENTLEY S 3, JAGUAR E-TYPE CABRIOLET, DINO 246 GT, PONTIAC CHIEFTAIN »SILVER STREAK« CONVERTIBLE, FERRARI 400i, JAGUAR XJR-S)

Es zeugt schon von einer gewissen kriminellen Energie, wenn jemand ein Auto kauft und es als Erstes so umbauen lässt, dass es u.a. dazu dient, Gesetze zu verletzen und die Polizei zu hintergehen. Der Einzige der Stones, der das gemacht hat, ist Keith Richards mit seinem blauen Bentley S 3 Continental Flying Spur, den er 1966 kaufte und »Blue Lena« nannte. »Blue Lena kutschierte uns auf so mancher von Acid befeuerten Reise«, so der Musiker: »Zu den Umbauten gehörte ein Geheimfach im Rahmen zum Transport illegaler Substanzen.« Aber bis Richards diese Energie entwickelte, vergingen mehr als 20 Jahre. Dass er die ersten Jahre überhaupt überlebte, grenzt an ein Wunder, denn er kam während eines Luftangriffs auf die Welt.

IT MUST BE HELL

Richards wurde am 18. Dezember 1943 im Livingstone Hospital in Dartford geboren, im selben Krankenhaus wie Mick Jagger und Dick Taylor auch. Während der Entbindung traf eine deutsche Fliegerbombe die Straße, in der sie wohnten. Ihr Haus wurde zerstört und alle Nachbarn, die links und rechts von ihnen wohnten, starben. Dem Journalisten Martin Scholz sagte er: »Die Folgen des Zweiten Weltkriegs haben mich sehr geprägt. In meinen ersten Kindheitserinnerungen sehe ich mich immer wieder durch die Ruinenlandschaften von London gehen. Es gab 1946 und 1947 praktisch keine intakten Gebäude mehr. Um mich herum diese totale Zerstörung. Damals entstand in mir der Wunsch, etwas Neues entstehen zu lassen. Ich habe das nur mithilfe der Musik geschafft, das war für mich der einzige Weg.«

Dieser Weg wurde dank seiner Familie geebnet. Seine Mutter Doris Maud Lydia bezeichnete er als »echten Musikfreak«, die bei den zwei Radiosendern, die es damals in England gab, immer etwas Gutes fand. Sie hörte pausenlos Musik und begeisterte den Sohn dafür. Er mochte Billie Holiday und Ella Fitzgerald sowie später Chuck Berry und Elvis. Er wuchs, obwohl er in England lebte, mit amerikanischer Musik auf: »Wenn man im Nachkriegsengland aufwächst, glaubt man, die ganze Welt besteht nur aus zerbombten Ruinen«, so Richards: »Dann kam Elvis und schlug ein wie eine Bombe.«

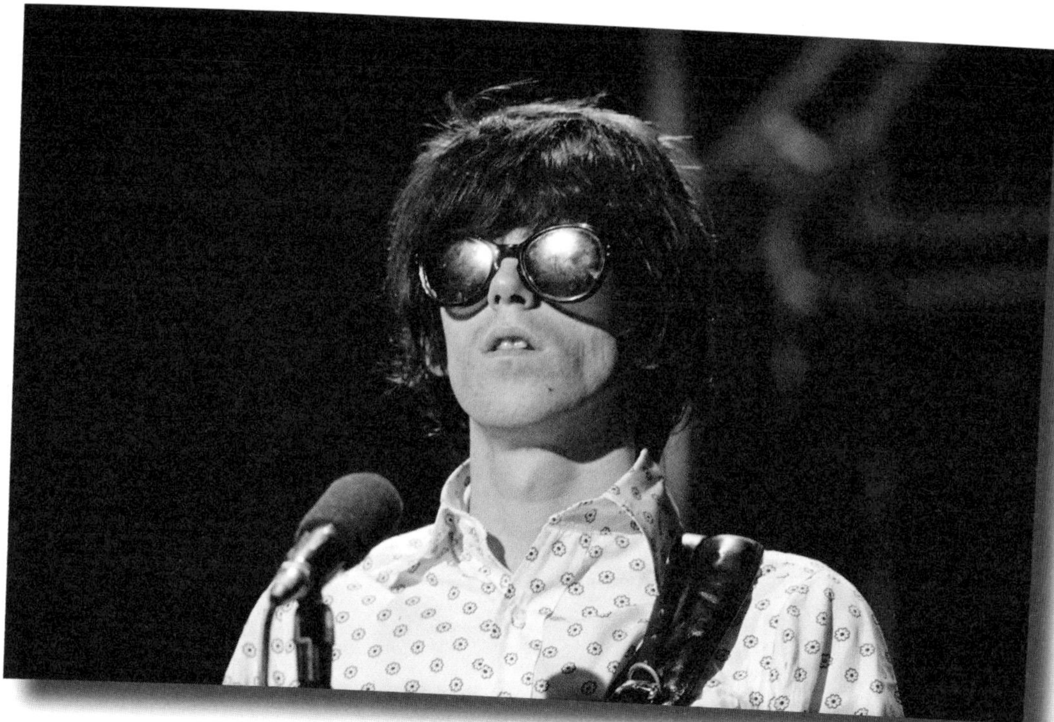

Oben: Keith Richards im Jahr 1966
Unten: Das Livingstone Cottage Hospital in Dartford. Keith Richards, Mick Jagger und auch Dick Taylor kamen hier zu Welt.

Sein Vater Herbert William arbeitete in einer Fabrik und war während des Zweiten Weltkriegs an der Invasion in der Normandie beteiligt. Sein Großvater Augustus Dupree tourte als Kopf der Jazzband »Gus Dupree and His Boys« durch Großbritannien. Von ihm lernte er Gitarre zu spielen. »Mein Großvater mütterlicherseits war auch sehr musikalisch, wie überhaupt viele Verwandte aus der Familie meiner Mutter«, so Richards: »Musik war überall. Jeder sang, jeder liebte Musik. In diesem Umfeld wuchs ich auf. Bei uns zu Hause war es nie still – das wäre auch langweilig gewesen. Mein Großvater hat jahrelang darauf hingearbeitet, dass ich Gitarrist werde. Die beste Übung war das spanische Malagueña. Das war gut für die Finger.«

FIGHT

Schon zu Anfang seines Lebens war das Fahrrad sein ständiger Begleiter. Seine Eltern unternahmen viele Rad- und Campingtouren mit einem Tandem und nahmen den kleinen Jungen mit. Später fuhr er mit dem Fahrrad zur Schule, musste sich aber immer wieder mit unfreundlichen Mitschülern auseinandersetzen, die ihm auflauerten und ihn verprügelten. »Der Weg von Temple Hill in die Schule auf der anderen Seite der Stadt führte direkt durch die Hölle«, so Richards. Sein Lieblingsaufenthaltsort war ein nahegelegener Wald, so Richards: »Die Heide war mit dem Fahrrad fünf Minuten entfernt. Dartford war nicht groß, aus der Stadt und aus dem Sinn, nach ein paar Minuten tauchte man

Die Rolling Stones im März 1964.

Sein Großvater Augustus Dupree brachte Richards das Gitarrespielen bei.

in Gestrüpp und Wald ein, in einem mittelalterlichen Hain. Dort konnten wir unser Können auf dem Rad erproben. Die Glory Bumps. Wir schossen unter den niedrigen Bäumen über die Hügel und tiefen Krater, bis es uns umhaute. Wir haben uns oft das ganze Wochenende da herumgetrieben.« Mit seinem Fahrrad erlaubte er sich auch immer mal wieder Scherze. So befestigten sein Schulfreund Dave Gibbs und er kleine Pappstreifen am Hinterrad, die bis an die Speichen kamen und so klappernde Geräusche verursachten. Der »Umbau« endete erst, als Nachbarn sich aufgrund des Krachs daran störten. Bei einer anderen, wesentlich gefährlicheren Aktion raste er sitzend auf Rollschuhen und einem Buch den nahegelegenen Temple Hill herunter. Bremsen ging selbstverständlich nicht, und da am Ende eine Kreuzung kam, war es ein bisschen wie »Russisch Roulette«, so Richards: »Die meisten anderen Leute gehörten eindeutig zu einer anderen Schicht der englischen Klassengesellschaft. Sie hatten Autos. Wir fuhren Rad.«

GROWN UP WRONG

Außerdem nahm er den Bus. »Bis ich elf war, fuhr ich mit dem Bus hin und ging zu Fuß zurück«, so Richards. »Warum ich nicht auch zurückgefahren bin? Weil ich kein beschissenes Geld hatte! Das Geld für den Bus hatte ich auf den

Kopf gehaucn.« Genau wie Jagger auch besuchte er die Wentworth Primary School, denn die beiden Familien wohnten nicht weit auseinander: Richards in der 33 Chastilian Road oberhalb eines Blumenladens, Jagger in der 39 Denver Road – Entfernung zu Fuß: sechs Minuten.

1949 zog Familie Richards in die Dartforder Spielman Road 6, 1954 zog Familie Jagger nach Wilmington. So sahen sich die früheren Mitschüler eine Zeitlang gar nicht mehr. Richards besuchte von 1955 bis 1959 die Dartford Technical High School für Boys. »Er hat das niedrige Niveau gehalten«, stand im Zeugnis. Immerhin wurde seine Stimme gefördert. Ein Lehrer empfahl ihn für einen Chor in London, in dem er mitsingen durfte. Dahin nahm er den Bus.

»TATSÄCHLICH WOLLTE ICH ZU ANFANG NICHT UNBEDINGT GITARRIST WERDEN. ES WAR EINFACH NUR EIN MITTEL, UM TÖNE HERVORZUBRINGEN.«
– KEITH RICHARDS

Als er den Song »Heartbreak Hotel« von Elvis hörte, der 1956 herauskam, war er begeistert. Drei Jahre später kaufte ihm seine Mutter (in Raten) die erste Gitarre, eine Rosetti für rund zehn Pfund, und ihr Sohn schlug sich mit Jobs durch. Er fuhr für eine Bäckerei, schnitt Butter in handliche Stücke, schleppte Säcke voll mit Zucker und »musste Schmiere stehen«, wenn ein Geldeintreiber sich bei säumigen Zahlerinnen in Naturalien bezahlen ließ. Da er gut zeichnen konnte, bekam er einen Studienplatz auf dem Sidcup Art College in der Grassington Road, etwa elf Kilometer südwestlich von Dartford.
Er übte unterdessen weiter Gitarre und ließ sich von seinem Großvater Griffe zeigen. Einen beruflichen Ausblick konnte er darin aber noch nicht erkennen. In seiner Autobiografie »Life« schrieb er: »Tatsächlich wollte ich zu Anfang nicht unbedingt Gitarrist werden. Es war einfach nur ein Mittel, um Töne hervorzubringen.« Auch zu einem Ausflug mit Jagger kam es in der Zeit. Die beiden Teenager fuhren mit dem Bus von Dartford nach Beesands in Devon, um seine Mutter Doris zu besuchen. Nach dem Besuch fuhren Richards Eltern die Jungs in ihrem Vauxhall nach Hause. 1960 trennten sich seine Eltern und er verließ das Elternhaus. »Ich bin mit 17 ausgezogen, im Streit ohne die

Erlaubnis meines Vaters. So wurde die Straße mein Zuhause.« Sein Vater hatte seine Versuche, Gitarre zu spielen, verunglimpft. Er sah ihn erst 20 Jahre später wieder.

GET CLOSE

Am 17. Oktober 1961 trafen sich Richards und Jagger zufällig auf Bahnsteig 2 des Bahnhofs in Dartford wieder. Richards auf dem Weg zum Sidcup Art College, Jagger zur London School of Economics (siehe Kapitel 2). Tatsächlich hätten die beiden schon zuvor Musik machen können, wie Dick Taylor ausführt: »Zu ›Little Boy Blue and the Blue Boys‹ gehörten außer mir damals Michael Jagger, Rob Beckwith und Alan Etherington. Keith Richards wusste, dass ich mit Jagger zusammen probte, aber er war zu schüchtern, um zu fragen, ob er bitte kommen könne. Dann trafen sie sich am Bahnhof in Dartford.«

Dick Taylor erinnert sich noch gut an seinen »guten Freund« Keith Richards, mit dem er damals am Sidcup Art College studierte und der schon damals auffiel: »Er war ein bemerkenswerter Charakter. Er trug immer ein lila Hemd und eine blaue Wrangler-Jacke – egal bei welchem Wetter. Ich war im Bus, er im Zug, und die Schule lag auf einem Hügel. Auf dem letzten Teil meiner Reise sah ich ihn immer schon von weitem in seiner besonderen Kleidung.« Richards verließ die Schule im Juli 1962, um sich ausschließlich auf die Musik zu konzentrieren und wohnte ab diesem Sommer gemeinsam mit Mick Jagger und Brian Jones in der Wohnung 102 Edith Grove. Als im Sommer 1963 die erste Tournee durch Großbritannien erfolgreich verlief, wurden nicht nur Jagger und Jones zu Projektionen von weiblichen Teenagern. Auf einmal hatte auch er weibliche Fans, wie er in seiner Autobiografie »Life« schrieb: »Noch vor sechs Monaten hatte mich keine rangelassen … und im nächsten Moment krallen sie sich an dir fest.« Das »Krallen« war wörtlich zu nehmen, denn als die Stones am 13. Juli in Middlesbrough auftraten, schaffte er es nicht mal in den Austin Princess der Band und die weiblichen Fans würgten ihn sogar mit seiner Halskette. Nach großen Anstrengungen bekam er den Türöffner zu fassen und hatte ihn plötzlich in der Hand. Später wachte er nach eigenen Angaben in einer Gasse neben dem Hintereingang des Alcove Clubs auf.

Wenn Richards nicht in den Tourfahrzeugen mitfuhr, die Ian Stewart steuerte, oder auch mit Jagger im Ford Zephyr unterwegs war, fuhr er U-Bahn. Das war auch noch der Fall, als er im Herbst 1963 das britische Model Linda Keith kennenlernen sollte. Ende 1965 oder Anfang 1966 kaufte er ihr einen Jaguar Mark II mit einem eingebauten Plattenspieler für Singles. Als er erfuhr, dass sie möglicherweise eine Affäre hat, raste er unter Missachtung vieler Verkehrsregeln damit durch London, um sie zur Rede zu stellen. Ganz sicher Anfang 1966 kaufte er sich für 20.000 Pfund das Redlands genannte Anwesen nahe West Wittering rund 140

Das »Vogue«-Model Linda Keith war erst mit Keith Richards zusammen und später mit Brian Jones.

Kilometer südwestlich von London, das später noch eine besondere Bedeutung in seinem Leben bekommen sollte. Bevor er sich selbst einen Wagen kaufte, mietete er nach eigener Aussage »Woche für Woche einen anderen Wagen, einfach nur um sie auszuprobieren.«

»In fünf Jahren sitze ich bloß noch in meinem Landhaus, habe vier Rolls-Royce in der Garage und spucke auf jeden«, sagte Richards bereits 1964 vor der ersten USA-Tournee. Das klappte zwar nicht, aber er gönnte sich statt der Rolls-Royce-Limousinen etwas ähnlich Luxuriöses: Einen Bentley Continental S 3 Flying Spur in blau (dawn blue).

BEAST OF BURDEN

Der Wagen mit der sehr bewegten Geschichte wurde ursprünglich von einem Mr. Mason in Auftrag gegeben, am 1. Oktober 1966 an den Bentley-Händler H. R. Owen am Berkeley Square in Mayfair ausgeliefert, dann aber vom Kunden storniert. Richards sah und kaufte ihn (Chassis Nr. BC68XE / Kennzeichen JLP 400D). Es ist einer von nur 68 rechtsgelenkten Wagen dieses Modells und von 87 Fahrzeugen überhaupt. Es verfügte über eine ganz besondere Ausstattung: Beiges Connolly-Leder mit passendem Dachhimmel und Teppichen, elektrische Fensterheber rundum, ein

Lena Hornes blauer Jaguar Mark V diente Richards als Inspiration für den Namen seines Bentleys.

920T-Radio, eine elektrische Antenne von Hirschmann, Park- und Blinklichter an den vorderen Kotflügelseiten, Dunlop-Weißwandreifen und eine Emblemleiste an der Vorderseite.

Richards nannte den Wagen »Blue Lena« nach der amerikanischen Tänzerin und Jazz-Sängerin Lena Horne, die auch ein Faible für englische Autos hatte. Sie kaufte ein 1950er Jaguar Mark V 3,5-Liter-Drophead Coupé, das sie aber nie fuhr, sondern nur ihr Mann, der Komponist Lennie Hayton. Der Jaguar wurde 2007, drei Jahre vor ihrem Tod, vom Auktionshaus Bonhams für 114.660 Dollar verkauft. Bonhams verkaufte auch den Bentley von Richards. Dazu später mehr.
Nach den Erinnerungen von Marianne Faithfull hatte er zu der Zeit noch keinen Führerschein.

Der stolze Eigentümer der »Blue Lena« gab (später) zu, dass der Wagen über spezielle Extras verfügte, wie »das Geheimfach für illegale Substanzen«. Außerdem beschrieb er ihn so: »Die Motorhaube war riesig, und um sie zu drehen, musste man sie regelrecht hin und her schwingen. ›Blue Lena‹ erforderte einiges an Geschick und Kenntnis der Konturen in engen Situationen – hinten war sie 15 Zentimeter breiter als vorne. Man musste

Richards liebte seine »Drei Tonnen Maschinerie«, auch wenn er damit einige Unfälle hatte.

sein Auto kennen, keine Frage. Drei Tonnen Maschinerie. Ein Auto, wie geschaffen für schnelles Fahren bei Nacht.«

Gerade am »Geschick« mangelte es dem Musiker allerdings, denn er verursachte einige Unfälle und erregte allerhand Aufsehen. Das begann bereits im März 1967. Zuvor, am 12. Februar 1967, gab es in seinem Landhaus Redlands eine Polizei-Razzia, da die Ordnungshüter über eine Boulevard-Zeitung den Tipp eines Informanten bekommen hatten, der ihn und andere mit Drogen versorgt hatte. Richards kommentierte das später mit dem für ihn typischen trockenen Humor: »Die Polizisten nahmen uns unsere Unschuld und ließen die meisten der Drogen liegen.«

Um vor dem anstehenden Prozess noch etwas zu entspannen, beschlossen

Richards, Brian Jones und dessen Freundin Anita Pallenberg, via Paris, wo sie noch die Freundin Deborah Dixon mit aufnahmen, sich auf den Weg nach Marokko zu machen. Tom Keylock fuhr die Reisegesellschaft.

I GO WILD

»Anfang März machten wir uns aus dem Staub«, so der Gitarrist. »Wir hatten keine Termine, und wir hatten den besten Wagen für einen kleinen Urlaub. Allein diesen Wagen zu besitzen und zu fahren, einen Wagen, in den ich eindeutig nicht hineingeboren war, bedeutete Ärger, denn er brach die Regeln des Establishments.« Diese Regeln brachen die Passagiere eindeutig auch. In Barcelona wurde sein Wagen mit allen möglichen Dingen beworfen, auch weil er die »Standarte des Papstes« am Bentley montiert hatte, musste die Nacht im Gefängnis verbringen und bekam eine Strafe wegen falschen Parkens. Immerhin bestückte Richards als Beifahrer unterwegs den eingebauten »kleinen Philips-Plattenspieler« mit vielen Singles von Motown, »unsere Lieblingsmusik damals«, wie er zugab. »Ich erinnere mich immer noch an den wunderbaren Geruch der Orangenbäume in Valencia«, so Richards später. »Aber wenn du zum ersten Mal von Anita Pallenberg verführt wirst, erinnerst du dich an Dinge.« Nach Ende der Reise zog sie Mitte März in seine kleine Wohnung in London in der Straße

Keith Richards wurde nach eigener Aussage auf der Rückbank der »Blue Lena« von Anita Pallenberg verführt.

Carlton Hill in St. John's Wood, nordwestlich vom Zentrum.

Kurz danach stand schon die nächste Reise an, denn Anita Pallenberg drehte in den römischen Cinecittà Studios an der Seite von Jane Fonda den Film »Barbarella«. Das Paar flog und Tom Keylock fuhr die lange Strecke mit dem Bentley. In der italienischen Hauptstadt kam es erneut zu einem Zwischenfall – dank eines weiteren Extras von »Blue Lena«. »In den Kühlergrill waren Lautsprecher eingebaut, mit denen Anita regelmäßig die Stadtbevölkerung terrorisierte – im Tonfall einer Gesetzeshüterin las sie über ein Mikrofon Nummernschilder vor und befahl, unverzüglich rechts ran zu fahren«, so Richards: »Zu allem Überfluss hatte, ›Blue Lena‹ wieder mal die Vatikanflagge gehisst, mit den gekreuzten Schlüsseln von Sankt Peter.« Ein Gefängnisaufenthalt blieb dieses Mal aus, aber der sollte folgen.

Aufgrund des Besitzes von Drogen, die bei der Razzia in Redlands gefunden worden waren, wurde vom 27. bis zum 29. Juni 1967 vor dem Gericht in Chichester verhandelt. Richards wurde für schuldig befunden und erhielt eine Geldstrafe sowie zwölf Monate im Wormwood Scrubs Gefängnis. Jagger bekam eine Geldstrafe und drei Monate Gefängnis in Brixton. Beide legten Berufung ein, wurden bereits einen Tag später wieder

Richards Anwesen Redlands wurde am 12. Februar 1967 Schauplatz einer folgenreichen Drogenrazzia.

entlassen, kamen auf Kaution frei und wurden in ihren Limousinen abgeholt – Richards in der »Blue Lena«.

DRIVING TO FAST

Nach der Arbeit an dem Album »Their Satanic Majesties Request« folgte Weihnachten 1967 die nächste Marokko-Reise, während der er und Pallenberg nur knapp einem schweren Unfall entgingen – allerdings in einem gemieteten Peugeot. Eines Abends kam ihnen auf der Fahrt von Fez nach Marrakesch eine Militärkolonne mit Motorrädern und Lastern entgegen. Er reißt »das Lenkrad herum, steuert nach innen, und plötzlich türmt sich ein fetter Lastwagen vor mir auf, beschützt von einer weiteren Motorradkolonne. Weil ich wirklich keine Lust habe, in den Abgrund zu stürzen, gebe ich einem Motorrad eins mit und rausche direkt an dem Monstrum vorbei. Die

»ICH HABE NICHTS GEGEN EINE HÖFLICHE VERHAFTUNG. MICH STÖREN NUR DIE MANIEREN.«
– KEITH RICHARDS IN SEINER AUTOBIOGRAFIE »LIFE«

Typen flippen schier aus. Als wir fast an der Kolonne vorbei sind, sehen wir, dass da ein Riesengeschoss auf der Ladefläche des Lastwagens steht, eine Rakete.« Sie kommen heil aus der Situation heraus und wechseln in Meknes den Wagen.

Zurück in England ist die »Blue Lena« wieder das zumeist benutzte Transportmittel, das auch mal als »Lastwagen« fungierte. Nach einem Konzert der Byrds im Middle Earth Club in der King Street 43 in Covent Garden, am 11. Mai 1968, »quetschten sich Mick, Marianne, Anita, Keith, Michael Cooper und Chrissie Gibbs in den Bentley und fuhren um 2.00 Uhr morgens in Richtung Stonehenge«, so die Autorin Elizabeth Winder: »Sie wollten den Ort zur richtigen Zeit erreichen, parkten in Wilsford und gingen das lange Stück östlich in Richtung der prähistorischen Monumente, während der Zeit, als die Sonne langsam über Salisbury Plain aufging.« Cooper machte dort besondere Aufnahmen in Schwarzweiß.

Etwas über ein Jahr später, am 7. Juni 1969, verunfallte Richards in seinem Mercedes Cabriolet, Baujahr 1947, nahe seines Hauses Redlands. Er fuhr mit etwa 110 km/h durch Sussex County in eine Kurve, wobei das Auto durch die Luft geschleudert wurde und sich überschlug. Laut seiner Aussage ging »ein rotes Licht an und nichts funktionierte mehr.« Das betraf wohl auch die Bremsen und die Lenkung. Ihm passierte nichts, aber die im siebten Monat schwangere

Die Fans machten vor Richards auch nicht halt, wenn er schon im Wagen saß.

Pallenberg brach sich das Schlüsselbein. Sie überlebten wohl auch, weil der Mercedes zum Teil aus Platten gefertigt war, die zuvor in deutschen Panzern ihren Dienst versahen und daher sehr massiv war. Richards hatte Drogen genommen, aber ein Freund versteckte sie vor dem Eintreffen der Polizei in den Ästen der Bäume in der Umgebung. Und der Drogenkonsum endete nicht, wurde aber auch bequem organisiert: Marianne Faithfull beschreibt das so: »Für Anita stand vor dem Haus 24 Stunden am Tag ein Wagen mit Chauffeur, der sie hinbrachte, wo sie hinwollte. Sie stolperte ins Auto, fuhr los, holte LSD, kam zurück, und dann konnte die Reise losgehen.«

Im März 1971, eine Woche bevor das Exil in Frankreich begann, verunglückte Richards im Bentley auf dem Weg zur Klinik Bowden House in Harrow, wo Pallenberg sich einem Entzug unterzog. Offensichtlich benebelt, als ihm ein Lkw gefährlich nahekommt, riss er das Lenkrad herum, raste über das Rondell eines Kreisels und kam erst an der Gartenmauer eines Hauses in Wembley zum Stehen. Er wusste noch, dass er diverse illegale Substanzen im Wagen hatte und die so schnell wie möglich entsorgen wollte, bevor die Polizei kommt. Dabei kam ihm der Zufall zu Hilfe. Die beschädigte Mauer gehörte dem britischen Rockmusiker Nicholas Christian Hopkins, der auch schon bei Plattenaufnahmen der Stones mitgewirkt hatte. »Mein qualmender Bentley steht also mitten in seinem Rosenbeet«, so Richards 2020, »und ich schmeiße hektisch alle Pillen weg, weil ich schon in der Ferne die Polizeisirene höre. Nicky sagt: ›Komm doch rein und trink einen Tee, bis die Polizei da ist‹! Spätestens da wusste ich, dass Gott auf meiner Seite ist.« Wie viele Unfälle er denn so hatte, konnte er später nicht beantworten. »Wenn man viel rumkommt, knallt

Keith Richards mit Anita Pallenberg vor dem Excelsior Hotel, Lido, Venedig im Jahr 1967.

man schon mal wo rein«, war sein ironischer Kommentar.

Ab April desselben Jahres arbeitete die Band in der Villa Nellcôte in Villefranche-sur-Mer an der Côte d´Azur an dem Doppelalbum »Exile on Main St.«. An dem Wochenende 21. bis 23. Mai besuchten die jungen Eltern, die am 10. August 1969 Sohn Marlon bekamen, zusammen mit dem Freund und ehemaligen Rennfahrer Tommy Weber den Großen Preis von Monaco. In Südfrankreich kaufte sich Richards ein rechtsgelenktes, schwarzes Jaguar E-Cabrio mit Gepäckträger und machte damit Ausfahrten entlang der Küste mit Pallenberg und dem zweijährigen Sohn. Außerdem erwarb er im November 1971 einen blauen Pontiac Chieftain mit einem 113 PS leistenden 268.2 ci (4.4 Liter) Achtzylinder. Der erste Eigentümer war der amerikanische Akademiker William Forsythe Sherfese, der in Saint-Jean-Cap-Ferrat wohnte. Der bezahlte dafür im September 1950 immerhin 2.190 Dollar. Er besaß ihn bis mindestens 1963, dann verliert sich die Spur, bevor Richards den linksgelenkten Wagen übernahm. Im Februar 1975 meldete er das Cabrio mit dem beigefarbenen Dach in Großbritannien unter dem Namen seiner Firma »The Mobile Studio Ltd.« und behielt es mehr als zehn Jahre lang bis zum April 1985. Der Pontiac Eight wurde am 30. April 2012 von Bonhams im Rahmen der »Collector´s Motor Cars and Automobilia«-Auktion auf dem Gelände der RAF in Hendon versteigert. Er erzielte 37.950 Pfund.

Taxis nutzte Richards nicht häufig – zumeist fuhr er selbst oder wurde gefahren.

HIGH AND DRY

Nicht nur die Produktion des zehnten Albums der Stones brachte eine ganze Reihe von Problemen mit sich, sondern auch das Zusammenleben von Pallenberg und Richards. Er konsumierte eine Menge Drogen, die der Hausdealer Tony Sanchez lieferte. Bei einem Ausflug der beiden Männer im E-Type in das benachbarte Örtchen Beaulieu, bei dem auch Richards Sohn Marlon dabei war, kam

Richards, Pallenberg und Sohn Marlon vor der Villa Nellcôte in Südfrankreich.

Prügelei begann. Die beiden Engländer schlugen sich tapfer, nahmen aber doch Reißaus und griffen nicht auf die Pistole zurück, die Richards in seinem Jaguar versteckt hatte. Drei Tage später kam die Polizei zur Villa und wollte Richards verhaften. Doch der Haftbefehl zerschlug sich wieder, als Richards freiwillig etwas zahlte und ein paar Platten signierte. Später wurde übrigens in der Villa eingebrochen und Teile seiner Gitarrensammlung gestohlen.

Eine Begleiterscheinung des Drogenkonsums war, dass bei Richards die Libido nachließ und seine Freundin ihn mit Weber betrog. Als Richards das herausfand, trugen die beiden Männer auf skurrile Weise eine Art von »Duell« aus – beim Rennen auf einer Kartbahn in Cannes. »Keith fuhr direkt auf mich zu«, sagte Weber dazu: »So sehr liebte er Anita. Es war Mord. Unverschämter Mord.« Webers Gokart knallte in den von Richards. Der Musiker überschlug sich bei der Attacke. Beide Männer bekamen

es zu einer Prügelei mit zwei Fischern am Hafen. Auf einer engen Straße hatte sich ein Fahrer in einem Jaguar XJ6 an Richards Cabrio vorbeigedrängelt und ihn an der Seite touchiert. Der war verständlicherweise sauer, brüllte ihn während der Fahrt an und stürmte im Hafen mit dem großen Jagdmesser zu ihm. Der Hafenmeister kam dazu und eine

etwas ab, aber Richards wurde laut eigener Aussage angeblich »50 Meter« über den Asphalt geschleift. »Sein Rücken wurde verletzt und öffnete sich wie ein Steak«, so Weber. Er benötigte eine starke Schmerzbehandlung, kreidete dem Arzt an, ihm Morphium zu geben, an dem er allerdings Gefallen fand – und nahm noch mehr Heroin.

Vom 3. Juni bis zum 26. Juli 1972 gaben die Stones in Kanada und den USA 51 Konzerte. Nach der Tour wohnten Richards und Pallenberg in einem Schweizer Chalet nahe Villars, rund 30 Kilometer südöstlich von Montreux. »Blue Lena« wurde aus England gebracht. Richards kaufte sich außerdem einen Dino 246 GT, ein Modell das gemäß Firmenrichtlinien nicht Ferrari heißen durfte. Der Sechszylinder wurde von Firmenchef Enzo Ferrari als Erinnerung an seinen verstorbenen Sohn Alfredo (Kosename: »Dino«) konstruiert, der am 30. Juni 1956 im Alter von nur 24 Jahren an einer Muskelerkrankung starb. So wurde der Wagen nur »Dino« genannt. Richards kaufte einen linksgelenkten silbernen Wagen (Argento Auteuil Metallizzato), der über eine schwarze Lederinnenausstattung verfügte (Chassis Nr. 03354, Kennzeichen: GYL 157N). Er besaß ihn bis 1986, also 14 Jahre lang, und benutzte ihn vor allem auf den Europa-Tourneen der Stones, so Road Manager Alan Dunn: »Auf den Tourneen der 1970er-Jahre flog die Band zu jedem Auftritt und Keith, der Flüge nach Möglichkeit vermied, entschied sich, den Dino zu fahren. Er traf oft mitten in der Nacht im Hotel ein, in dem die Band abgestiegen war. Der Großteil der Kilometer, die Keith damit fuhr, wurde auf diese Weise zurückgelegt.« Das waren rund 25.000 Meilen,

Den blauen Pontiac Chieftain besaß er über zehn Jahre.

Gentleman: Richards gilt als höflich und schüchtern. Hier erscheint er am 4. Juli 1973 vor Gericht nach einer Polizeirazzia in seinem Haus in Cheyne Walk.

bevor er in eine Sammlung in Japan ging. 2014 war er wieder in Europa, wurde von Coys in Monaco versteigert und erzielte 294.200 Euro. Der Rockmusiker Liam Howlett, Mitbegründer der Band »The Prodigy«, kaufte ihn. 2016 wechselte er erneut den Eigentümer und wurde danach am 8. September 2018 von Bonhams beim Goodwood Revival versteigert. Er erzielte 442.750 Pfund.

Im November 1972 ging es nach Jamaika, um in den dortigen Dynamic Sounds in Kingston mit den Arbeiten an dem Album »Goats Head Soup« zu beginnen. Als ein Richter in Nizza Pallenberg und Richards am 14. Dezember 1972 wegen Drogenbesitzes verurteilte, kam es zu einer kniffligen Situation. Aus juristischen Gründen durften sie nicht mehr in Frankreich leben und aus steuerlichen Gründen durfte er nicht nach England. Also ließen sie sich erneut in der Schweiz nieder.

Als Richards zwischen dem 1. Juni und dem 8. August 1975 mit den Stones durch die USA tourte, ließ er den Kontakt zu dem deutschen Model Uschi Obermaier wieder aufleben und lud sie ein, dabei zu sein. Über den Aufenthalt am 15. Juli in Daly City, Kalifornien schrieb sie: »Da erwartete mich am Flughafen schon eine

Limousine – die Stones waren bereits im Konzert im Cow Palace. Als der Limousinen-Konvoi nach der Show durch die Stadt rauschte, vor uns Polizisten auf Motorrädern, an der Seite Motorräder, und wir unter ihrer Aufsicht Koks-Linien zogen, während wir rote Ampeln durchfuhren, kam ich mir vor wie die Präsidentenfrau und fühlte mich total ›on top of the world‹. Da rieselte einiges vom Sternenstaub auf mich herab.«

I'M ALRIGHT

Richards empfand die Schweiz zwar als »langweilig«, wurde aber sehr kreativ. Dort entstand sein Welthit »Angie«. Pallenberg genoss den Aufenthalt: »Es war wirklich sehr schön. Wir hatten dieses kleine Chalet und kamen mit den Skiern bis zur Vordertür. Wir fuhren im Ferrari und im Bentley herum. Das hat viel Spaß gemacht. Wir hatten immer wieder Gäste im Haus und Freunde kamen, um uns zu besuchen.« Was aus dem E-Type wurde, den er dort auch eine Zeitlang nutzte, ist nicht bekannt. Der Dino wurde das Fahrzeug, mit dem er überwiegend in Europa unterwegs war. »Ich hatte einen tollen Wagen und in dem fuhren wir zwei von einem Auftritt zum nächsten«, so Richards. Neben ihm saß nicht etwa Anita Pallenberg, die am 17. April 1972 Tochter Angela zur Welt gebracht hatte und am 26. März 1976 Sohn Tara, sondern Sohn Marlon, inzwischen sieben Jahre alt. Er begleitete seinen Vater auf der Stones-Tournee vom Auftakt am 28. April 1976 in Frankfurt am Main durch

Mit seinem silbernen Dino 246 GT fuhr Richards 14 Jahre lang zu Konzerten.

22 Städte zu 41 Konzerten in neun Ländern bis zum 23. Juni. Mit dabei war auch der Stoff des Vaters, doch Marlon passte auf: »Noch 15 Kilometer bis zur Grenze, Dad«, so Richards. »Das war das Signal, um rechts ranzufahren, einen Schuss zu setzen und das Zeug entweder loszuwerden oder irgendwo zu bunkern. Manchmal tippte er mich an: ›Dad, fahr rechts ran. Du kippst um, du pennst ein‹.« Die langen Fahrten überstanden die beiden unfallfrei. Drei Tage nach Ende der Tournee starb Sohn Tara.

Am 21. August 1976 schloss sich noch ein Konzert im knapp 50 Kilometer von London gelegenen Knebworth an, bei dem die ganze Familie dabei war und im Bentley fuhr. Auf der Rückfahrt schlief Richards ein, so sein Sohn: »Er war weggedämmert und gegen einen Baum gebrettert. Wir waren zu siebt im Auto, aber wir hatten wieder mal verdammtes Glück, denn wir saßen im Bentley, und deshalb gab es keine ernsthaften Verletzungen.« Der Unfall geschah auf der M1 und hatte Folgen für den Fahrer. Am 13. Januar 1977 kam es im Aylesbury Crown Court zu einer Verurteilung, weil man in seinem Wagen ein Röhrchen zum Schnupfen von Drogen und zusätzlich LSD gefunden hatte. Er musste 750 Pfund Strafe bezahlen und 250 Pfund Gerichtskosten.

DIRTY WORK

Schon Ende der 70er-Jahre, aber noch viel extremer Anfang der 80er-Jahre, kam es immer öfter zu Verwerfungen zwischen Richards und Jagger. Richards störte sich an den immer aufwändigeren Shows und Bühnenspektakeln, die Jagger konzipierte, dessen zum Teil exaltierten Auftretens und seiner Jagd nach immer jüngeren Frauen. So wurden die Pausen zwischen den Alben länger. Richards trennte sich von Anita Pallenberg, die vollends den Drogen zugewandt war, und heiratete 1983 das US-Fotomodell Patricia Hansen. Mit ihr bekam er noch zwei Töchter.
Richards kam, wie die anderen Stones auch, 1983 in den Genuss eines geschenkten Ferrari 400i (Kennzeichen: A4 00R). Der Wagen war schwarz, innen blau und verfügte über ein Schaltgetriebe. Die Limousine wurde ihm nach Paris geliefert, wo die Band, ohne Jagger, der mit seiner ersten Solo-Platte beschäftigt war, ab April 1985 an dem Album »Dirty Work« arbeitete. Im Anschluss an die Aufnahmen wurde der Ferrari nach England gebracht, aber allzu viel bewegt hat er ihn nicht. Mit nur 3.267 Kilometern auf dem Tacho und einigen Standschäden wurde der Zwölfzylinder am 9. September 2017 bei einer Versteigerung von RM Sotheby´s in Maranello für 345.000 Euro verkauft: Weltrekord für dieses Modell.

»Ende der 80er konnten Mick und ich einfach nicht mehr zusammenarbeiten. Zwischen 1985 und 1989 lief der Dritte Weltkrieg«, so Richards. Im Jahr 1989 leistete er sich nach den Italienern mal wieder einen englischen Sportwagen, und zwar einen roten Jaguar TWR

In den 1970er-Jahren unternahmen die Rolling Stones insgesamt 7 große Tourneen. Parallel erschien 1970 der Dokumentarfilm »Gimme Shelter« der Maysles-Brüder über die US-Tour der Stones 1969.

Im offenen schwarzen Jaguar E fuhr die Familie an der Côte-d´Azur entlang.

XJR-s, ein modifizierter Wagen für den Sporteinsatz mit 5,3-Liter-Motor, einer Aufhängung mit verstärkten Stabilisatoren und Federbeinen verbessert von Tom Walkinshaw Racing. Außerdem verfügte er über 15-Zoll-Speedline-Aluminiumfelgen und eine cremefarbene Innenausstattung mit roten Nähten sowie ein weißes Lenkrad. Der Wagen wurde später von der englischen Firma KWE in Berkshire restauriert.

1989 begann auch die langsame Wiederannäherung der beiden Musiker. Richards, der sich viel in seinem Anwesen in Connecticut aufhielt, dort nicht nur über eine immense Gitarrensammlung und eine sehr beeindruckende Bibliothek verfügt, konnte wohl doch nicht ohne Jagger, die Stones und das Tourleben. In seiner Autobiografie schrieb er: »›Ladies and Gentlemen, The Rolling Stones‹. Seit über 40 Jahren höre ich das jetzt, aber egal, kaum bin ich da draußen und spiele die erste Note, habe ich das Gefühl, von einem Datsun in einen Ferrari zu wechseln.«

Autos zu wechseln war in den 90er-Jahren auf jeden Fall kein Problem für Richards. Stones-Fotograf Gered Mankowitz erlebte in der Zeit folgendes: »Ende der 90er-Jahre sprach ich mit jemandem aus dem Büro der Stones und bei der Gelegenheit sagte die Person, dass Keith so viele Autos besaß und eingelagert hatte, dass er gar nicht mehr wusste, wie viele das sind und wo sie sich gerade befinden.«

Sohn Marlon warnte seinen Vater während der Autofahrten vor Grenzkontrollen.

Er hatte ja auch wirklich einiges er- und überlebt: den Zweiten Weltkrieg, Drogenentziehungen, Rippenbrüche, Kopfverletzungen und mehrere Autounfälle. 2020 hörte er mit dem Rauchen auf, aber den »gelegentlichen« Haschisch- und Cannabis-Konsum sowie den Alkohol behielt er bei. Im Interview, das 2017 im Heft »Spiegel-Biografie« erschien, sagte er. »Ich habe einen echten Rock'n'Roll-Kampfkörper, deshalb heilt alles in Rekordzeit.«

Das gilt wohl auch für seine »Blue Lena«. 2010 sagte sein Sohn Marlon: »Der Bentley hat einiges einstecken müssen. Noch vor fünf, sechs Jahren klebte mein blutiger Handabdruck auf dem Rücksitz, und auf dem Armaturenbrett war eine Delle, wo ich mit der Nase aufgeschlagen war. Auf diese Delle habe ich mir einiges eingebildet, und als sie eines Tages ausgebessert wurde, war ich richtig enttäuscht.«

Richards Ehefrau Patti Hansen, mit der er seit 1983 verheiratet ist.

DER GITARRIST SCHÄTZT AUCH MOTORRÄDER

Zwischen dem Abend des 25. und dem Morgen des 26. Februar 2024 wurden aus einer Garage in Keith Richards Anwesen sechs ältere und neuere Motorräder gestohlen. Dazu zählten eine weiße KTM 495, eine rote Maico 490, (die beide aus dem Jahr 1981 stammen), eine rote und eine silberne Maico 400 von 1977, ein 2013er-Beta Evo Trial Motorrad, eine 2011er Husaberg 390 und eine Gas Gas 300 Enduro. Richards fuhr im Laufe der Jahre eine Reihe von Motorrädern und posierte auf einer rotweißen Enduro (Kennzeichen: XPB 63F) vor seinen Haus Redlands in West Wittering oder auf einer Harley in der Villa Nellcôte in Südfrankreich.

Richards bislang letzter Sportwagen war ein getunter roter TWR XJR-s.

Rechts: Sein schwarzer Humor ist ein besonderes Markenzeichen des Stones-Gitarristen.

Weather: Rain. 50/36
SPORTS ★ FINAL
Wednesday, April 4, 2007
DAILY NEWS
50¢
NEW YORK'S HOMETOWN NEWSPAPER
NYDailyNews.com
drive
APRIL 6-15
AUTO SHOW
The ultimate guide to the Auto Show
COMING FRIDAY
LUPICA:
Rudy's wives tales
SEE PAGE 4
I SNORTED MY DAD
SEE PAGE 3
Stones' Richards says he mixed father's ashes with cocaine, but Keith's manager claims it was all 'in jest'

KAPITEL 4

IAN STEWART
»OKAY, ICH FAHRE EUCH UMHER«

»OKAY, ICH FAHRE EUCH UMHER« - DIE FAHRZEUGE VON IAN STEWART (18.07.1938 – 12.12.1985)

(ROVER 12, VW-BUS, COMMER VAN, JAGUAR, ROLLING STONES MOBILE STUDIO)

Der 1. Mai 1963 veränderte das Leben des schottischen Pianisten Ian Stewart einschneidend. Bis zu diesem Tag trat er gemeinsam mit den Rolling Stones im Eel Pie Island Hotel auf der Themseinsel auf. Danach wurde er ihr »Road Manager«, bekam aber weiterhin einen genauso großen Anteil der Gage wie die anderen Bandmitglieder. Der neue Manager der Gruppe, Andrew Loog Oldham, hatte das bestimmt. Nach dem ersten Schock fügte sich der 24-jährige Mann mit den kurz geschnittenen Haaren. Auch und gerade in seiner neuen Position kann seine Leistung für die Band gar nicht hoch genug eingeschätzt werden. Keith Richards brachte sie mal so auf den Punkt: »Nur wenige Leute haben erkannt, wie wichtig er für die Stones war. Er war der Kitt, der das Ganze zusammenhielt.« Ian Stewart ging so als der »sechste Stone« in die Musikgeschichte ein. Vor allem war der Musiker aber auch über 30 Jahre lang ihr Fahrer.

Es waren einmal sechs, bis Ian Stewart (ganz links) von den Bühnen verbannt wurde.

Im Pub »The Bricklayer's Arms« traf Ian Stewart erstmals auf Brian Jones.

Ian Andrew Robert Stewart, den alle immer »Stu« nannten, kam am 18. Juli 1938 auf der Kirklatch Farm seiner Großeltern im schottischen Pittenweem zur Welt, einem südlich vom berühmten St. Andrews gelegenen Fischerdorf. Schon bald zog die Familie um und er wuchs in Cheam in Surrey, südlich von Wimbledon, auf. Mit sechs Jahren bekam er Klavierunterricht. Später spielte er auch Banjo. Im Alter von acht Jahren erkrankte er an Masern, was zu einer Deformierung des Kinnknochens führte. Zehn Jahre später führte ein operativer Eingriff zu einer auch optisch spürbaren Verbesserung. Stewart mochte Jazz, Blues und Boogie-Woogie und kam im Frühjahr 1962 mit Brian Jones in Kontakt, der sich damals noch Elmo Lewis nannte. Jones hatte in der Ausgabe der »Jazz News« vom 2. Mai, einem Informationsblatt über Neuigkeiten im Stadtteil Soho, ein Inserat geschaltet, dass er Musiker für eine R'n'B-Band suche. Stewart hatte sich gemeldet. Zur ersten Probe im Pub »The Bricklayers Arms« in der Broadwick Street 7 kam er in einer kurzen schwarzen Lederhose – auf einem Rennrad. Jones war zunächst reserviert, doch als sich der Schotte ans Klavier setzte und temperamentvoll und leidenschaftlich Boogie-Woogie spielte, war er begeistert. »Stu war einzigartig«, so Bill Wyman. »Er hatte immer diese lächerlichen kurzen, schwarzen Hosen an, und wenn wir probten, schaute er gleichzeitig aus dem Fenster, um sicherzugehen, dass sein Fahrrad noch dort war. Dennoch traf er immer die richtigen Tasten.«

I'D MUCH RATHER BE WITH THE BOYS

Im Juni kamen Mick Jagger und Keith Richards zur neuen Band hinzu, dann

Keith Richards, Brian Jones und Ian Stewart in den Wembley Studios am 27. Mai 1966.

noch der Gitarrist Dick Taylor und der Schlagzeuger Mick Avory. Am 12. Juli 1962 trat die neu formierte Gruppe in dieser Besetzung im Marquee Club im Londoner West End auf. Knapp fünf Monate später, am 5. Dezember, kam es im Red Lion Pub in Surrey zu einer ganz besonderen Begegnung. Schlagzeuger Tony Chapman brachte William George Perks (den späteren Bill Wyman) mit und stellte ihn Ian Stewart vor. Der schlug ihm vor, zwei Tage später zu den Proben der Band im Wetherby Arms Pub zu kommen. So begann in England Rhythm-and-Blues-Geschichte, denn es war Stewart, der Perks dort in der ersten Etage mit Mick Jagger und Keith Richards bekannt machte. Stewart hatte ein regelmäßiges Einkommen, arbeitete im Versand der Firma »Imperial Chemical Industries« und unterstützte die Band, indem er sie immer mal wieder mit Essen versorgte. Die hungerte manchmal und lebte von den 350 Pfund (andere Quellen: sieben Pfund im Monat), die Mick Jagger als Stipendiat für sein Wirtschaftsstudium erhielt. Stewarts Arbeitsplatz diente auch als Buchungsbüro für Auftritte. Seine Telefonnummer erschien in den »Jazz News«, so dass Veranstalter über ihn die Band buchen konnten. »Ich war der Einzige mit einem Telefon«, so Stewart in einem Interview in den 70er-Jahren, »und der Einzige mit einem Fahrzeug.« Das war zunächst ein schwarzer Rover 12 mit

In einem Rover 12 fuhr Ian Stewart das Equipment und die Band.

vier Türen. Nach Aussagen von Schlagzeuger Tony Chapman transportierte Stu damit das Equipment der Band: »Die Trommeln waren auf dem Rücksitz und die Verstärker im Kofferraum. Manchmal fielen ihm auf dem Weg vom Konzert nach Hause die Augen zu und er schlief an einer Ampel ein.« Hatte er die Instrumente nicht dabei, fuhr er die Musiker auch alleine. »Einmal fuhr ich Brian und Keith, die beide betrunken waren, von einer Party nach Hause. In der Nähe von Thames Embankment fingen sie plötzlich an, über Kleidung zu streiten. Brian schlug auf Keith ein und der haute zurück. Ich hielt den Rover an und sagte ihnen, dass sie aussteigen und sich draußen weiterprügeln sollten. Das taten sie auch.«

Im Dezember 1962 erwarb Stewart »einen ramponierten pinkfarbenen VW-Bus«, den er nach Angaben des britischen »Guardian« nutzte, um die Band damit zu den Engagements zu fahren. Er leistete sich den Bus, nachdem er von seiner Firma Ende des Jahres mit Anteilen belohnt wurde. Die verkaufte er sofort, was seine außergewöhnliche Hingabe an die Band beweist. Die Fahrten wurden jedoch nur bedingt einfacher, so der Autor Philip Norman, der schrieb, dass es »kein Vergnügen war in einer Zeit, als Autobahnen noch Seltenheitswert und viele Straßen nicht mal einen Mittelstreifen hatten.«

I DON'T KNOW WHY

Im Juni und Juli 1962 probte die Band regelmäßig in den beiden Pubs »The Bricklayers Arms« und »The Wetherby Arms«, 500 King's Road. Vor allem Richards war begeistert, wie sensationell gut Stewart Boogie-Woogie spielen konnte: »Er hat mir den Kopf weggeblasen.« Als am 4. August 1962 der erste Auftritt außerhalb Londons in der William Morris Hall in South Oxhey in Hertfordshire anstand, übrigens der dritte überhaupt, war es Stewart, der die Band dorthin fuhr. Ende des Jahres folgten Auftritte in Richmond und Blackheath. Stewart war es auch, der einen wesentlichen Anteil daran hatte, dass Charlie Watts sich im Januar 1963 der Band anschloss. Ab Februar traten die Stones häufig im Station Hotel in Richmond auf, das ab April »Crawdaddy Club« genannt wurde. Ihre Konzerte sprachen sich herum. Genau an diesem Ort tauchten im April erstmals Andrew Oldham und Eric Easton auf. Sie übernahmen das Management der Band und sagten Ian Stewart, dass er zukünftig besser als »Road Manager« arbeiten solle, anstatt als Pianist auf der Bühne präsent zu sein. Über die Gründe gab es jahrelang viele Spekulationen, ehe Oldham sie 2001 in einem Interview klarstellte. Es war eben nicht Stewarts Aussehen, sondern dass ihm sechs Leute in der Band einfach zu viel waren.

Im Tourbus zusammengepfercht zu sein war alltäglich, hier 1965 in Manchester.

Brian Jones steht am 14. April 1963 vor Stus VW Bus, der vor dem Black Angus Pub in der Londoner Great Newport Street geparkt ist.

GOOD TIMES BAD TIMES

»Ich hätte vermutlich gesagt, ›Leck mich‹, aber er sagte ›okay, ich fahre euch umher‹«, kommentierte Keith Richards die Situation. »Das brauchte ein sehr großes Herz, aber Stu hatte eines der größten Herzen überhaupt.« »Ich blieb bei der Band, denn wie sonst wäre ich in der Lage gewesen, durch die Welt zu reisen und Golf zu spielen?«, kommentierte der seine neue Position später. Typisch Ian Stewart stürzte er sich voller Enthusiasmus in die neue Aufgabe und fuhr nicht nur. Er saß ab 1964 bei sehr vielen Studioaufnahmen der Band am Klavier, spielte Stride- und Barrelhouse-Piano, war aber auch konsequent, wenn ihm ein Song nicht gefiel, und sagte dann ab. Stu organisierte für die Band, er buchte Unterkünfte und Hotels, später vorzugsweise in der Nähe von Golfplätzen, weil die Möglichkeiten, sich zu vergnügen, für die anderen in der Umgebung kleiner waren – und weil er eben gerne Golf spielte. Er fuhr den Tourbus, schleppte das Equipment, kümmerte sich um die Stromversorgung auf der Bühne und sagte allen Bescheid, wenn es Zeit war aufzutreten. »Okay, my little three-chord wonders, you're on«, also: »Los, meine kleinen Drei-Akkorde-Wunder, ihr seid dran«, war der Satz, den er von sich gab, wenn alles fertig war. »Wir gingen niemals auf die Bühne, bis Stu sagte, dass es an der Zeit war«, so Wyman. Aber er kritisierte seine Kollegen auch, wenn der Auftritt schlechter war als bei anderen Konzerten. Keith Richards erinnert sich an den Satz: »Ihr seht Euch gerne als Bluesmusiker, aber ihr tanzt nur herum wie schreiende kleine verweichlichte Männer.« Für ihn waren die Stones dennoch »Stu's Band«. Mick Jagger ging sogar noch einen Schritt weiter: »Wir versuchten Stu zu gefallen. Wir wollten seine Zustimmung, wenn wir einen Song schrieben und probten.

Ian Stewart galt als exzellenter Pianist und saß bei vielen Studioaufnahmen am Klavier.

Wir wollten, dass er ihn mochte.«

Selbst große Entfernungen schreckten Stu nicht ab. Vom 5. bis zum 7. September 1963 hatte die Band drei Auftritte ohne Brian Jones in Walmer in Kent, in Lowestoft in Suffolk und im walisischen Aberyswyth. Die letzte Strecke machte fast 500 Kilometer aus, die er im VW-Bus an einem Tag bewältigte, und das ohne Pause, um einmal etwas zu essen. Die Band kam um 20.30 Uhr an und spielte drei Stunden lang. »Ich habe niemals auf ihn geschimpft«, erklärte Charlie Watts voller Bewunderung. Keith Richards erinnert sich mit gemischten Gefühlen an die langen Touren, die zumeist damit begannen, dass Stewart Jagger und ihn von der gemeinsamen Wohnung in Edith Grove abholte, danach Brian Jones, Charlie Watts und William Perks (den späteren Bill Wyman): »Wir schliefen zumeist hinten im Bus«, so Richards, »von einem Ende in England bis zum anderen in Stus VW-Bus – und das mit dem ganzen Equipment.« Ron Wood, der erst 1975 zur Band stieß, hörte von den anderen Stones aber noch schlimmere Geschichten. Nach seinen Aussagen, war Stewart ein »killer driver,

Stewart, der begeisterter Golfspieler war, buchte zumeist Hotels in der Nähe von Golfplätzen – zum Leidwesen der übrigen Bandmitglieder.

der niemals anhielt, egal was die anderen wollten. Falls jemand pinkeln musste, musste er das in eine Flasche tun.«

DRIVING ME TOO HARD

Doch die langen Fahrten forderten auch ihren Tribut. Nach dem Auftritt am 27. September 1963 in der Floral Hall in Morecambe, Lancashire, fuhr Stu die Musiker die rund 420 Kilometer lange Strecke nach Hause. Unterwegs hielt er mehrfach an der Straße an und schlief ein wenig. Die meisten setzte er gegen 3.00 Uhr nachts ab. In Peckham erwachte Perks, weckte Stu auf, der aber erneut einschlief. Dann fuhr Stu ermattet durch die Vororte Londons, schlief aber in Sydenham nochmals ein. Um 13.00 Uhr war er an Perks Adresse angekommen, was bedeutete, dass er zehn Stunden gebraucht hatte, um von Nord- nach Süd-London zu kommen. Am späten Nachmittag begann die nächste Tour zu einem Auftritt, der zum Glück aber nur knapp 20 Kilometer entfernt war. Kurz danach wäre es fast zu einem schweren Unfall gekommen. Nach einem Konzert in Salisbury fuhr Stu zu schnell in eine S-Kurve unter einer Eisenbahnbrücke, so dass der Bus ins Schlingern kam, aber glücklicherweise nicht umkippte. »Wir wären fast gestorben und hätten alle tot sein können«, kommentierte Stewart die brenzlige Situation.

Interessanterweise erinnert sich Keith Richards, dass kurz vor der Aufnahme der zweiten Single »I Wanna Be Your Man« am 7. Oktober 1963, einem Song, der ihnen von den Beatles zur Verfügung gestellt wurde, »das Reisen nun ganz einfach sei. Mit dem alten Van zu fahren, war wie in einem schwarzen Loch in Kalkutta. Frische Luft bekamen wir nur beim Halt an den Cafés auf der Schnellstraße.« Nach Aussagen von William Perks hatte der »neue VW-Bus hinten Fenster und Sitze für uns alle.«

Keith Altham, Journalist des »New Musical Express«, begleitete die Band immer mal wieder und erinnert sich speziell an eine Fahrt nach Aylesbury im Januar 1964: »Das ganze Equipment türmte sich im hinteren Teil des Busses. Gitarrenkoffer, Reisetaschen und Trommeln lagen bis zur Decke übereinander. Nach 15 Minuten kippte Keith im Vordersitz um und sank auf Micks Schoß zusammen. Charlie machte das Radio an, Keith wachte auf und sagte: ›hier kommt der Nebel‹. Wir fuhren nur noch 24 km/h und krochen den Katzenaugen folgend weiter. Mick, der navigierte, schrie jedes Mal, wenn er ein Rücklicht vorn erblickte. Unsere einstündige Fahrt hatte inzwischen drei Stunden gedauert. Wir waren am Stadtrand von Aylesbury, als Mick wieder schrie. Brians Auto tauchte aus dem Nebel auf und fuhr an uns vorbei. Brian hatte sich offensichtlich völlig verfahren. Wir schrien alle aus den Fenstern, wurden aber nicht gehört und er verschwand im Nebel.«

COPS AND ROBBERS

Im September 1964 posierte Stewart neben einem schwarzen Commer Van, der überall bekritzelt war und über die drei Großbuchstaben BOB verfügte. Was es damit auf sich hat, ist nicht mehr zu klären, und ob er ihn gegen den VW-Bus eintauschte, auch nicht. Was er als Fahrer mit der Band so erlebte, lässt sich nur zum Teil dokumentieren. Ähnlich wie bei den Beatles auch (siehe »Motorlegenden – The Beatles«) nahm die Fan-Hysterie zu und führte im Laufe des Jahres 1964 zu Auswüchsen, die sehr gefährlich waren. Bill Wyman schreibt zu den Tourneen durch England von Januar bis Mai: »Eine Hysterie des Mobs gehörte von nun an dazu. Das Ganze war so verrückt, dass es schwer war, in die Nähe der Konzerthallen und von dort wieder wegzukommen, ohne zerfleischt zu werden. Alles, was von einem Stone berührt wurde, wurde von Fans geklaut: Kugelschreiber der Journalisten, Tassen, Autokennzeichen und unsere Türgriffe.« Zu einem geplanten Auftritt am 10. Mai in der Colston Hall in Bristol kam Brian, der im eigenen Auto fuhr, später, weil er durch einen Unfall aufgehalten wurde. Weil aber die Straßen vor der Konzerthalle blockiert waren, fuhr er zur Polizei und bat um Hilfe. Die nahm ihn im Polizeiwagen mit, doch die hinteren Bühneneingänge waren verschlossen und sechs Versuche, ihn vorn hineinzubringen, scheiterten. Fans folgten dem Polizeiauto und warfen sich auf die Haube. Also wurde er von den Polizisten getragen, erreichte aber erst das zweite Konzert an diesem Abend. Auch Stu bekam große Probleme. Als er mit laufendem Motor vor der Tür stand und die Musiker auf ihn zustürmten, sprang ein junger Mann mit Schwung auf das Dach des Wagens und konnte nur mit Mühe von der Polizei heruntergeholt werden. Er wurde angezeigt. Bei einem Konzert in Leicester wurde alles vom Bus gestohlen, was beweglich war: die Außenspiegel, die Türgriffe, die Scheibenwischer und selbst die Nummernschilder. Stu war außer sich vor Ärger.

Mick Jagger hasste nach eigenen Angaben diese Tourneen: »Ich war immer froh, wenn es mit den Provinzen vorbei war. Man kann nicht richtig essen und bekommt keine sauberen Hemden.« Auftritte in der bekannten Sendung »Top of the Pops« der BBC, die Veröffentlichung des ersten Albums »The Rolling Stones« am 17. April 1964, die erste USA-Tournee und die erste Nummer-1-Single »It´s All Over Now« führten in kurzer Zeit zu einem immensen

Der fast immer gut gelaunte Ian Stewart war als »killer driver« bekannt, der niemals anhielt.

Auf die unbequemen Vans folgten bequeme Limousinen, hier Mercedes-Benz 600 1967 in Zürich.

Hype. Beim ersten USA-Konzert in San Bernardino machten die Stones einen sogenannten »London Exit«, wie sich der damalige Konzert-Promoter Bob Lewis erinnerte: »Nach dem letzten Song warfen sie ihre Instrumente auf die Bühne und rannten davon.« Dann war Stu gefordert. Beim Konzert am 20. Juni in der Carnegie Hall eskalierte das Interesse speziell von Seiten junger Mädchen, die permanent schrien. »Das Konzert im schwarzen Polizeiwagen zu verlassen war inzwischen normal«, schrieb Bill Wyman in seinen Erinnerungen nach einem Konzert im September 1964 in Manchester. Die Polizei brachte die Band zu ihrem Tourbus, der mehrere Kilometer entfernt stand. In Chester schoss jemand durch ein Fenster der Umkleideräume. Die Flucht aus dem Konzertsaal gelang nur dank einer Leiter über eine drei Meter hohe Mauer in den Hinterhof eines Hotels, wo der Polizeiwagen schon wartete. Immerhin, was auch immer geschah, auf Stu war Verlass, so Charlie Watts: »Ich weiß noch, wie ich einmal nach einem Konzert in Paris im Wagen – Stewart saß am Steuer – eingeschlafen und in Den Haag wieder aufgewacht bin.« Vom 16. bis zum 18. April 1965 spielten die Stones im »L' Olympia« in Paris.

Stu wurde am 23. Februar 1986 posthum mit einem Tribute Konzert im Londoner Club 100 geehrt.

Ganz viel Durchhaltevermögen benötigten Fahrer und Band am 16. Mai 1965 im Civic Auditorium von Long Beach in Kalifornien. Stu fuhr die Band durch das Publikum bis ganz nah an die Bühne heran, weil es keine andere Möglichkeit gab. Die Fans bekamen das natürlich mit. Als er am Ende des Konzerts rückwärts wegfahren wollte, stoppte ihn ein Polizist und drohte ihm, ihn ins Gefängnis zu bringen. Letztendlich sprangen die Fans, außer sich vor Enthusiasmus, auf das Dach des Wagens, das gefährlich eingebeult wurde. Also legten sich die Musiker auf den Boden und streckten die Füße aus, damit es nicht einstürzte. »Wir drückten um unser Leben«, schrieb Bill Wyman dazu, »und außen kämpften Mädchen um ihr Leben, die gegen die Scheiben gequetscht wurden.« Schließlich half die Polizei und setzte Schlagstöcke ein, so dass mehrere Fans ins Krankenhaus gebracht werden mussten. Stu war schockiert, dass die Polizei sich so radikal verhielt und das Ganze so endete.

HAPPY

Im Sommer 1964 kaufte sich Stu einen Jaguar. Nach verschiedenen Quellen war er der erste, der sich einen neuen Wagen leistete. Doch die anderen folgten bald und trugen ihren neuen Reichtum in Form von Sportwagen von Aston Martin oder Luxuslimousinen von Bentley und Rolls-Royce zur Schau. Außerdem gönnten sich Jones, Richards und Jagger eigene Chauffeure. Zusätzlich wurden exklusive Wagen für die Band angeschafft: Jaguar- und Daimler-Limousinen. Das hieß jedoch nur zum Teil, dass Ian Stewart weniger zu tun hatte, seine Transportmittel wurden lediglich besser – und leichter erkennen konnte man die Band und ihre Mitglieder auch. Dinge, die der selbsternannte »secretary of the company«, also der »Firmensekretär«, mit gemischten Gefühlen wahrnahm: »Was mir nicht gefiel, war all der Mist, der mit den Touren einherging«, so Stu: »Die riesige Entourage und Karawane, die den Stones folgte, und all die kleinen Egos, die unterwegs waren.« Seine Aufgaben blieben gleich. Im Herbst 1964 etwa fuhr er mit einem Bus nach Paris, während die anderen flogen.

»WAS MIR NICHT GEFIEL, WAR ALL DER MIST, DER MIT DEN TOUREN EINHERGING.«
– IAN STEWART

Im Frühsommer 1966 gestand Richards den Reichtum ein: »Wir haben einen Punkt erreicht, uns alles kaufen zu können, was wir wollen. Wir müssen uns um Geld keine Sorgen mehr machen.« Das äußerte sich auch darin, dass Richards im Bentley und Jagger im Daimler chauffiert wurden, um einzukaufen. Am 2. Januar 1967 heiratete Ian Stewart Andrew Oldhams Sekretärin Cynthia Dillane in der St. Andrew's Kirche in Cheam in Surrey. Das Paar bekam 1971 einen Sohn namens Giles.

Ab dem Frühjahr 1969 erleichterte ein mobiles Aufnahmestudio in einem BMC-Laster (Kennzeichen: FMK 438J) die Situation der Band, auch wenn der im Laufe der Zeit umfangreich umgebaut werden musste. Das RSM (Rolling Stones Mobile Studio) entstand aus einer Not heraus, denn die Aufnahmestudios erlaubten lediglich, dass von 9.00 bis 17.00 Uhr in ihnen gearbeitet werden durfte. Genau diese Zeit musste auch bezahlt werden. Also wurde Stu beauftragt, eine Alternative zu finden, engagierte eine Reihe von Technikern und kaufte den Laster, der daraufhin mit dem damals neuesten Equipment ausgestattet wurde.

Ursprünglich diente ein BMC-Laster als Basis des RSM, später erfolgte der Umbau auf ein DAF F1600 Turbo-Fahrgestell. Nach dem Verkauf an Bill Wyman 1985 erhielt das Fahrzeug eine blaue Lackierung in den Farben des AIMS-Projekts. Die Aufnahme zeigt den Transport ins »National Music Centre« in Calgary.

Der Ingenieur und technische Direktor der Olympic Studios, Richard Swettenham, tat sich mit Chris Blackwell, dem Chef von Island Records zusammen und gemeinsam gründeten sie die Firma »Helios Electronics«, die Geräte wie etwa eine Konsole zum Mischen der Musikaufnahmen entwickelte und mit anderen zusammen den Innenausbau realisierte. Großen Anteil an dem Gelingen der Aufnahmen hatte auch der Produzent Glyn Thomas Johns, der sogar eine Zeitlang mit Ian Stewart im selben Haus wohnte. Johns arbeitete bis Mitte der 70er-Jahre für die Stones. Der BMC-Laster war ursprünglich für Lieferanten und Farmer gedacht. Der schwere Innenausbau machte dem Chassis auch in Bezug auf die Fahrt langer Strecken sehr zu schaffen. Es kam zu Überhitzungen und Motorproblemen. Dave Hawkins, der Mechanik-Experte des Wagens, empfahl daher einen Umbau mit einem DAF F1600 Turbo Unterbau, der auch durchgeführt wurde. Im Zuge dessen verlor er die ursprüngliche silberne Farbe, wurde Anfang 1971 neu lackiert und bekam einen dunklen Anstrich.

Im Frühjahr 1972 verewigte »Deep Purple« das umgebaute RSM in einem ihrer berühmtesten Songs überhaupt, und zwar »Smoke on the Water«, da der Laster bei den Aufnahmen in der Schweiz, am 4. Dezember 1971, beinahe Feuer fing.

Der Text lautet:

»We all came out to Montreux,
on the Lake Geneve shoreline,
to make records with a mobile, Yeah«

Es war der BMC-Laster, der den Stones zuvor gute Dienste bei Ihren Aufnahmen in der Villa Nellcôte in Villefranche-sur-Mer nahe Nizza geleistet hatte. Dort entstand das Doppelalbum »Exile on Main St.« Von dort aus wurde der Wagen nach Montreux gebracht. Im September und Oktober 1973 war Stewart mit dem RSM auf der Europa-Tournee der Stones unterwegs. In den beiden folgenden Jahren wurde die technische Ausstattung aktualisiert. 1985 kaufte Bill Wyman das RSM, der daraus zwei Jahre später das »Ambition Invention Motivation Success« Projekt (AIMS) machte, um jungen Musikern und Bands die Möglichkeit zu bieten, darin hochwertige Demo-Aufnahmen zu kreieren. 1996 wurde das Fahrzeug erst in die USA und später an das »National Music Centre« im kanadischen Calgary verkauft.

FAMILY

Die neue Nutzung durch Wyman und andere erlebte Ian Stewart nicht mehr. Er starb völlig unerwartet am 12. Dezember 1985 in London im Alter von nur 47 Jahren. Traurigerweise starb er ausgerechnet im Wartezimmer eines Krankenhauses nach Atemwegsproblemen an einem Herzinfarkt. Als die Stones im Jahr 1989 in die Rock and Roll Hall of Fame aufgenommen wurden, bestanden sie darauf, dass das auch für Stewart galt, was auch geschah – und nicht nur das. Am 2. Dezember 2017 bekam er posthum bei den Scottish Music Awards einen Ehrenpreis und wurde auch in die schottische Hall of Fame aufgenommen.

Das mobile Aufnahmestudio der Stones wurde auch von anderen Bands wie »Deep Purple« genutzt. Ein Aushang listete für die externen Gäste den Inventar des Studios auf.

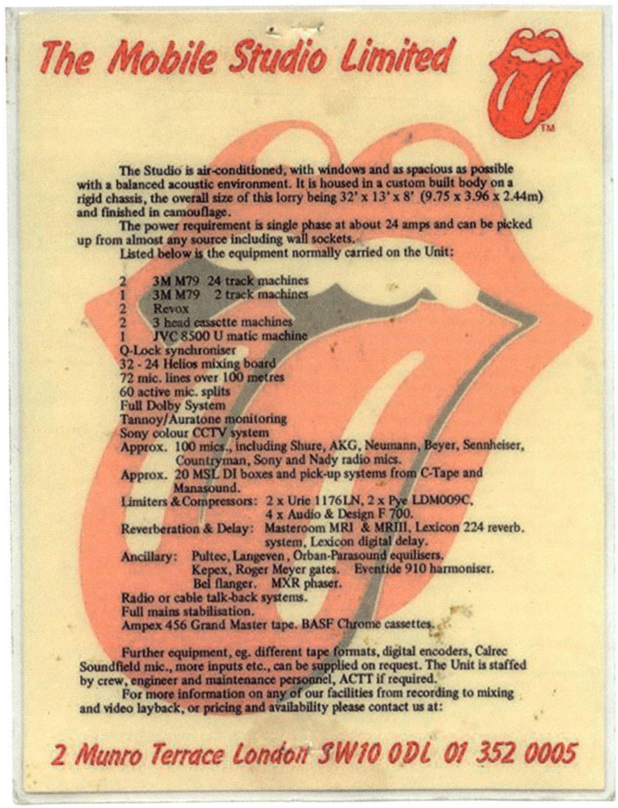
The Mobile Studio Limited

The Studio is air-conditioned, with windows and as spacious as possible with a balanced acoustic environment. It is housed in a custom built body on a rigid chassis, the overall size of this lorry being 32' x 13' x 8' (9.75 x 3.96 x 2.44m) and finished in camouflage.

The power requirement is single phase at about 24 amps and can be picked up from almost any source including wall sockets.

Listed below is the equipment normally carried on the Unit:

2 3M M79 24 track machines
1 3M M79 2 track machines
2 Revox
2 3 head cassette machines
1 JVC 8500 U matic machine
Q-Lock synchroniser
32 - 24 Helios mixing board
72 mic. lines over 100 metres
60 active mic. splits
Full Dolby System
Tannoy/Auratone monitoring
Sony colour CCTV system
Approx. 100 mics., including Shure, AKG, Neumann, Beyer, Sennheiser, Countryman, Sony and Nady radio mics.
Approx. 20 MSL DI boxes and pick-up systems from C-Tape and Manasound.
Limiters & Compressors: 2 x Urie 1176LN, 2 x Pye LDM009C, 4 x Audio & Design F 700.
Reverberation & Delay: Masteroom MRI & MRIII, Lexicon 224 reverb. system, Lexicon digital delay.
Ancillary: Pultec, Langeven, Orban-Parasound equilisers. Kepex, Roger Meyer gates. Eventide 910 harmoniser. Bel flanger. MXR phaser.
Radio or cable talk-back systems.
Full mains stabilisation.
Ampex 456 Grand Master tape. BASF Chrome cassettes.

Further equipment, eg. different tape formats, digital encoders, Calrec Soundfield mic., more inputs etc., can be supplied on request. The Unit is staffed by crew, engineer and maintenance personnel, ACTT if required.

For more information on any of our facilities from recording to mixing and video layback, or pricing and availability please contact us at:

2 Munro Terrace London SW10 0DL 01 352 0005

KAPITEL 5

BILL WYMAN
»ICH HABE MICH DAMALS REGELRECHT IN DAS AUTO VERLIEBT«

»ICH HABE MICH DAMALS REGELRECHT IN DAS AUTO VERLIEBT« – DIE FAHRZEUGE VON BILL WYMAN (* 24.10.1936)

(MORRIS 10, MORRIS MINOR TRAVELLER, MGB, CITROËN SM, MERCEDES-BENZ, FERRARI 400i)

Von 1962 bis 1992, also 30 Jahre lang, war der gebürtige Süd-Londoner William George Perks der Bass-Gitarrist der Rolling Stones. Einer der Gründe, warum er die Band verließ, war auch die Tatsache, dass er sich nicht so frei bewegen konnte, wie er wollte. Das hatte auch mit seinem Interesse an Autos zu tun und dem Genuss, der damit verbundenen Freiheiten.

»Ich wurde am 24. Oktober 1936 im Lewisham Hospital geboren und wurde nach meinem Vater William George benannt. Das war die damalige Tradition.« Das schreibt der spätere Musiker in seinem Tagebuch. Seit Dezember 1935 lebten sein Vater, der als Maurer arbeitete, und seine Mutter Kathleen May Jeffery in einer kleinen Wohnung in der 9 Park Road, Forest Hill, südöstlich der Innenstadt Londons. Als am 8. August 1940 die Luftschlacht um England begann, war auch der knapp Vierjährige mit seiner Familie betroffen, sodass sie viel Zeit in Luftschutzbunkern verbringen mussten. Als sein Vater eingezogen wurde, schickte ihn seine Mutter im August 1942 per Zug zu seiner Großmutter in die 36 Blenheim Road. Er besuchte die Melvin Infants School und entging am 20. Januar 1943 auf dem Weg nach Hause nur knapp dem Luftangriff eines deutschen Bombers. »Ich wuchs im Krieg mit den Luftangriffen auf, ging mit einer Mickey-Mouse-Gasmaske zur Schule. Wir wurden zweimal aus unserem Haus gebombt«, erzählte er später.

Später ebbten die Attacken ab. Der Junge verließ die Großeltern und machte nach eigenen Angaben eine »wundervolle Erfahrung. Dolly und Bessie, die Schwestern meines Vaters, nahmen mich mit der Straßenbahn mit, einem neumodischen, wilden, windigen, lauten Apparat mit Holzsitzen.« Sie fuhren von Lower Sydenham zur Honor Part Road, wo der Achtjährige bei einer älteren Österreicherin mit dem Namen Oppenheimer erstmals Klavierstunden bekam. Sein musikalischer Start.

Außerdem fing er an, für örtliche Geschäfte Besorgungen zu erledigen, bekam ein paar Pennys für seine Dienste und hob das Geld auf, weil er von einem eigenen Fahrrad träumte. Er brachte sein Erspartes zu einem Fahrradhändler, der es in ein Kassenbuch eintrug.

Perks alias Wyman wurde während des Zweiten Weltkriegs mit seiner Familie zweimal aus dem Haus gebombt.

Schon Anfang April erhielt er die freudige Nachricht, dass das Geld nun ausreichend sei. Seine Neuerwerbung schob er voller Stolz nach Hause – fahren hatte er noch nicht gelernt. Dort angekommen, setzte es Schläge von seiner Mutter, die dachte, dass er das Fahrrad gestohlen hätte. Doch ein Besuch beim Händler brachte Aufklärung. Das erste Fahrzeug war gesichert.

1950 leistete sich George William Perks ein neues Hercules-Fahrrad mit drei Gängen.

ROAD RUNNER

Nach einem weiteren Umzug im Januar 1944 in die Nähe der Penge East Station begannen für Perks der Schulbesuch in der Oakfield Road School, aber auch die Attacken der Nazis mit V1-Raketen. Die Familie überlebte im Bunker, aber die ganze Häuserreihe wurde zerstört. Von seiner Mutter animiert, begann er Dinge zu sammeln und Tagebuch zu führen. Ein Hobby, dem er bis zum heutigen Tage nachgeht. Als er in seiner Heimatstadt erstmals Paare Jitterbug tanzen sah, stand sein Berufswunsch fest: William wollte in einer Band spielen. Nach dem Ende des Zweiten Weltkriegs begann außerdem seine Leidenschaft für Filme. Häufig ging er am Sonntagvormittag in das Odeon Cinema Penge, sah sich Serials an und schwärmte für »Flash Gordon«.

YOU GOTTA MOVE

Ab September 1947 besuchte er die Beckenkam und Penge Grammar School in Südost-London, einem der ärmsten Stadtteile der Hauptstadt, wo der Linkshänder bald von anderen Jungs aus besser gestellten Vierteln gehänselt wurde. Er wohnte erneut bei der Großmutter, die ihn wieder zu Klavierstunden anmeldete. Außerdem wurde er Mitglied des Chors und verdiente dank der Auftritte ein bisschen Geld. Seine Oma war es auch, die ihn im Dezember 1948 zum Royal

College of Music brachte. Dort bestand er zwei Prüfungen, doch im September 1949 ging es für den Zwölfjährigen erstmal wieder zur Schule. Ehrgeizig wie er war, verdiente er sich Geld mit dem Austragen von Milch, Zeitungen und Brot, um sich ein neueres Fahrrad leisten zu können. Ein Jahr später hatte er die 18 Pfund für das Drei-Gang-Modell von Hercules mit Rennlenker zusammen. Sein Engagement war auch dem Neid auf die anderen Jungs geschuldet, die bessere Fahrräder hatten als er. Im August 1950 musste er wieder zu seinen Eltern zurück, doch die Streitereien mit seinem Vater, die schon zuvor zum Umzug geführt hatten, flammten wieder auf. Sein Interesse am Klavier und dem Chor ebbten ab. Ab Juni 1951 gab es zu Hause ein Radio und einen Fernseher. Knapp zwei Jahre später sah er zum ersten Mal den Sänger Johnny Ray und wurde zum Fan. Zwei Monate vor seinem Schulexamen nahm ihn sein Vater aus der Schule, weil er einen Job für ihn hatte – nach Ostern 1953 musste er als Buchmacher arbeiten. Zu seiner neuen Arbeitsstätte, 71 Duke Street, fuhr er per Zug zur Victoria Station, danach mit der U-Bahn zur Bond Street und sah dort erstmals die zerbombten Teile der Innenstadt. Bei Freunden hörte er die ersten Jazz-Platten und war so begeistert, dass er seine Briefmarkensammlung versetzte, um sich einen Plattenspieler und Platten zu kaufen. Knapp drei Monate nach seinem 18. Geburtstag, am 24. Oktober 1954, kam die Einberufung. Im Juli 1955 wurde er via Harwich nach Deutschland geschickt und kam am 19. Juli bei der Royal Air Force (RAF) in Oldenburg an. Zwei Tage später wurde die MT-Abteilung sein neuer Arbeitsplatz, der Bereich »Motor Transport«. Fortan kümmerte er sich um den Fahrzeug- und Flugzeugbestand, deren Befüllung sowie Reparaturen aller Art.

LITTLE BY LITTLE

Dank eines Radios in der Unterkunft hörte er erstmals Rock'n'Roll-Künstler wie Elvis Presley, Bill Haley und Little Richard. Er tanzte in dem Club »Zum grünen Wald« und reiste nach Bremen, um ein Konzert der Stan Kenton Band zu besuchen. Tatsächlich fand William Perks in Oldenburg zu dieser Form von Musik: »Ich war dort stationiert, hörte amerikanisches Radio und kaufte meine erste Gitarre«, sagte er später in einem Interview. Das Objekt der Begierde war eine spanische Akustik-Gitarre, die er im August 1956 für 400 Mark erstand und zunächst als »fast unmöglich zu spielen« bezeichnete. Außerdem kaufte er in einem Laden in Oldenburg einen Plattenspieler und Singles und ahmte gemeinsam mit anderen Soldaten Elvis nach.

Im Januar 1957 bekam er erstmals Fahrstunden, allerdings nicht in einem Pkw, sondern in einem Magirus-3,5-Tonner, was dazu führte, dass er lernen musste, zweimal zu kuppeln, um die Gänge zu wechseln. Er bekam die Bezeichnung »B«-Driver und war in den kalten Monaten Januar und Februar 1957 häufig in Konvois mit anderen Lkws unterwegs,

»in Eis und Schnee auf Kopfsteinpflaster auch zu anderen RAF-Basen wie etwa in Bielefeld.« Diese Touren verhalfen ihm zu Fahrpraxis, so der 20-jährige Soldat. Aber einen Führerschein für zivile Fahrzeuge hatte er damit noch nicht. In der dortigen Militär-Fußballmannschaft spielte auch Gordon Lee Whyman, der ihn beeindruckte und von dem er später den Nachnamen entlehnt – wenn auch in anderer Schreibweise.

Im Juli traf er in Oldenburg auf den Gitarrenspieler Casey Jones, mit dem er zusammen Skiffle Musik spielt. Jones gründete später in England die Band »Casey Jones and the Engineers«. Der Militärdienst endete Januar 1958 und er kehrte zu seiner Familie nach London zurück in die 60 Blenheim Road im Stadtteil Penge. Als er im selben Monat im Regal Cinema in Beckenham mit Freunden den amerikanischen Musikfilm »Rock Rock Rock« mit Chuck Berry und dem Johnny Burnette Trio sah, flammte seine Leidenschaft für diese Musik wieder auf. Er ließ sich aus den USA Platten schicken, die es in England nicht gab.

I'M MOVING ON

Nach diversen Anläufen, einen neuen Job zu bekommen, engagierte ihn schließlich die Fleisch-Import-Firma W. Wedell and Company in den Royal Victoria Docks, in deren Büro er als Buchhalter arbeitete. Die insgesamt 26 Meilen von zu Hause fuhr er täglich mit dem Fahrrad, weil ihm Zug- und Bustickets zu teuer waren – so sparte er ein Pfund pro Woche. In dem Tanzclub Beckenham Ballroom lernte er Diane Maureen Cory kennen und lieben, mit der er Konzerte von Jerry Lee Lewis und Lonnie Donegan besuchte. Ermüdet von den langen Fahrradfahrten und aufgrund besserer Verdienstmöglichkeiten wechselte er im September 1958 den Job und begann im Büro der Firma John A. Sparks in Streatham Hill. Dorthin ging es täglich per Zug. Zu Fußballspielen

Seine erste Fahrpraxis sammelte Perks auf einem Magirus 1957 in Oldenburg.

in Selhurst Park, Norwood fuhr das Paar mit dem 654 Trolley Bus. Nachdem sein Gehalt auf elf Pfund im Monat stieg, leistete er sich nach einem halben Jahr im Frühjahr 1959 einen gebrauchten Morris 10 aus dem Jahr 1938. Er bezahlte 30 Pfund für den Wagen und musste zunächst »eine Reihe von Sachen daran machen, bevor ich mit ihm jeden Tag zur Arbeit fahren konnte.« Einen Führerschein hatte er jedoch noch immer nicht …

Am 24. Oktober 1959, seinem 23. Geburtstag, heiratete William Diane in der St. John's Church in Penge. Das Paar zog, gemeinsam mit einem Untermieter, in ein Haus in Woodbine Grove. Eine Woche später wurde in England die erste Autobahn eröffnet, die Motorway M1. Die Chance nutzte das junge Ehepaar, um am Wochenende einen Freund aus der RAF in Birmingham zu besuchen, doch die knapp 230 Kilometer lange Strecke im Morris 10 entpuppte sich als problematisch. William hatte die Adresse zu Hause vergessen und das Spritgeld reichte nur für eine Fahrt hin und zurück. Er vertraute auf sein Glück, fuhr aus der Innenstadt von Birmingham in den Stadtteil Smethwick und hoffte darauf, das Haus des Freundes zu finden. Das gelang nach einigen Irrungen und Wirrungen auch, und das Benzin reichte tatsächlich noch für die Rückfahrt.

Wyman trifft eines seiner Idole: Den Rock 'n' Roll-Musiker Chuck Berry. Die Aufnahme entstand im August 1972 in London Heathrow.

Diane Maureen Cory, Bill Wymans erste Frau. Die Aufnahme entstand im Mai 1966.

LIVE WITH ME

Anfang der 60er-Jahre kaufte er für 52 Pfund eine elektrische Gitarre von Burns, war aber nicht zufrieden mit seiner eigenen Entwicklung, das Instrument zu beherrschen. Nach dem Besuch eines Konzerts der Poprock-Gruppe »The Barron Knights« entschloss er sich, es mit einer gebrauchten Bassgitarre von Dallas Tuxedo zu versuchen und schloss sich im Januar 1961 der aus Süd-London stammenden Band »The Cliftons« an. Sie spielten u.a. im Starlight Ballroom in Pence. Dessen Schlagzeuger Tony Chapman erzählte ihm im August 1962, dass eine andere Band namens »The Rollin' Stones« einen Bassisten suchte. Am 7. Dezember 1962 fuhr er mit Chapman, im Auto von Chapmans Vater, zum Vorspielen bei der damals sechsköpfigen Band (Mick Jagger, Keith Richards, Brian Jones, Ian Stewart, Dick Taylor, Tony Chapman). Ihr Ziel war der Wetherby Arms Pub in World's End, Chelsea. Aber das Vorspielen alleine gab nicht den Ausschlag ihn aufzunehmen. Im Gegenteil. »Bill hatte Verstärker«, so Keith Richards. »Er kam voll ausgerüstet. Er hatte einen Vox AC30 Verstärker, den wir verehrten, weil er von Jennings in Dartford gebaut wurde, und den wir uns nicht leisten konnten.« Dartford ist die Heimatstadt von Richards und Jagger. Jennings Ltd., in der 115–119 Dartford Road, war das Musikgeschäft in der Stadt.

Wyman hatte noch einen zweiten Verstärker mitgebracht, einen Watkins

Eine Fahrt im Morris 10 auf der neuen Autobahn M1 von London nach Birmingham wurde zu einem Abenteuer.

Westminster. »Ich gab eine Runde Drinks aus und bot ihnen Zigaretten an, was sie Klasse fanden, denn alle rauchten und konnten sich keine Zigaretten leisten.« Richards und Jagger kommen aus Dartford. Perks hatte den Verstärker am 27. August 1962 gekauft, um damit die Band »The Cliftons« zu unterstützen. Seine Erinnerung an das erste Vorspielen war eher nüchtern: »Ich denke, dass ihr erster Eindruck war: wirklich gute Verstärker. Das Bass-Spiel war nichts Besonderes, aber wir behalten ihn, weil wir dann die Verstärker nutzen können.« Keith Richards schreibt in seiner Autobiografie »Life« dazu: »Als erstes versuchte ich Bill von seinem Verstärker zu trennen.« Das Label des Verstärkers war übrigens »Ripple Productions«. Es ist bis heute der Name der Firma von Bill Wyman.

Perks Equipment sorgte so dafür, dass er zu einem zweiten Treffen eingeladen wurde. Genau eine Woche später trafen sich die Musiker erneut im Wetherby Arms Pub, und er gewann den Eindruck, dass er nun Teil der Band war. Die bot ihm einen ersten gemeinsamen Auftritt in dem Jugend-Club Ricky Tick, in Windsor, einen Tag später an, was er erfreut annahm.

Die Rückfahrt vom Pub gestaltete sich schwierig, denn es kam zu einem heftigen Wortgefecht mit dem Busfahrer. Der war erzürnt darüber, dass die Musiker erst ihre Gitarren und Verstärker in den

Als Bill Wyman noch William George Perks hieß – das damals noch unbekannte Quintett.

Bushievten, was ihn viel Zeit kostete. Das Geld, das der Jugend-Club einbrachte, sammelte Brian Jones als »Unkosten« für die Wohnung ein. Finanziell ging Perks leer aus. Aber als Jagger, Richards und Jones merkten, dass sich der neue Mann gut integrierte, ersetzten sie mit ihm den bisherigen Bassisten Dick Taylor. Auch Tony Chapman musste gehen. Am 10. Januar 1963 sagte Charlie Watts als Schlagzeuger zu. Vier Tage später trat die Band in neuer Besetzung im Flamingo Jazz Club in der Wardour Street in Soho auf. Der Auftritt des Sextetts Mick Jagger (Gesang), Keith Richards (Gitarre), Brian Jones (Gitarre), William Perks (Bassgitarre), Charlie Watts (Schlagzeug) und Ian Stewart (Piano) gilt als die Geburtsstunde der sechsköpfigen Rolling Stones. Es folgten Auftritte im Marquee Jazz Club in London (drei Tage später), im Red Lion Pub in Sutton und Richmond in Surrey und bald auch an anderen Orten des Landes. Es begann die mühsame Arbeit der Band, sich sowohl in ihrer Umgebung als auch außerhalb sowie später im ganzen Land einen Namen zu machen.

WHAT TO DO

»Damals sind wir mit Stus verdammten VW-Bus immer wieder durch ganz England gegondelt«, so der Bassist. »Manchmal sind wir nachts noch von Lowestoft ins verdammte Llandudno gefahren. Also bekamen wir weder Schlaf noch etwas zu essen, weil es damals keine Läden gab, die in der Nacht geöffnet hatten.« Perks spricht hier von einer Strecke von 320 Meilen, also etwa 515 Kilometern, die die Band am 6. September 1963 zurücklegte – ein Knochenjob (siehe Kapitel: Ian Stewart). Auf clevere Weise verschaffte sich Perks allerdings aber bei der vielen Fahrerei einen Vorteil. Er bestand darauf, neben Ian Stewart vorne zu sitzen, weil ihn sonst die Reisekrankheit erwischen und ihm schlecht werden würde. Jahre später fanden die Bandkollegen heraus, dass er niemals reisekrank wurde. Vorne war einfach der bequemste Sitz.

VON DEN ERSTEN GAGEN KAUFTE DER BASSIST SEINEM SOHN STEPHEN WEIHNACHTEN 1964 EINE AUTORENNBAHN.

Dank der Einnahmen der Plattenverkäufe konnte sich Perks einen besseren Lebensstil leisten. Die erste Single »Come On« erschien am 7. Juni 1963, das erste Album »The Rolling Stones« am 16. April 1964, und vor allem der Single »It´s All Over Now« gelang ein Siegeszug. Sie kam am 26. Juni in Großbritannien heraus, stieg am 8. Juli in die UK-Charts ein, blieb dort 15 Wochen lang und eroberte auch die Spitze. So kam Sohn Stephen Weihnachten 1964 in den Genuss eines besonderen Präsents, einer Autorennbahn – auch wenn er gerade mal zweieinhalb Jahre alt war.

Dadurch, dass im Juli die erste US-Tour der Stones begann, kam etwas Geld in die Kasse. Die neue Popularität brachte aber auch Probleme mit sich. Mitte der 90er-Jahre erzählte er in einem Interview: »Im Jahr 1964 wurden wir gehasst. Wenn ich telefonisch Theaterkarten bestellen wollte und meinen Namen sagte, wurde aufgelegt. Als ich es nochmals versuchte, sagte man mir: ›Wir geben Leuten wie Ihnen keine Tickets‹«.

Das galt auch trotz der Veränderung, denn im August 1964 änderte Perks seinen Nachnamen in Wyman – angelehnt an den Kumpel aus der Armee. »Der Grund war, dass ich meinen Nachnamen nicht mochte. Mit dem Wechsel begann für mich mein neues Leben.«

BLUE AND LONESOME

Ein neueres Auto leistete er sich jedoch erst Ende 1965 oder Anfang 1966. Nach eigenen Aussagen kaufte er in diesem Winter »voller Zuversicht einen Morris Minor 1000 Traveller für 648 Pfund«, begann aber erst im Januar 1966 mit den Fahrstunden … Die Prüfung bestand er, im Gegensatz zu Keith Richards (siehe Kapitel 2) und gönnte sich zusätzlich noch einen grünen MGB-Roadster (Kennzeichen: KLH 604D / später: EGP 710C) den er 1966 für unter 1.000 Pfund kaufte. Später im Jahr kam noch sein erster Mercedes hinzu, ein dunkelblauer 250 S. Das war sein erster Neuwagen. In seinem Buch »Stone Alone« schreibt er: »Trotz des ganzen Gerangels, beschloss ich, mich kräftig in Unkosten zu stürzen, und leistete eine Anzahlung von 1.000 Pfund auf meinen neuen Mercedes 250 S. Ich tat alles Mögliche, um mich von der finanziellen Situation nicht unterkriegen zu lassen.« Der Mercedes kostete ihn schließlich 3.853 Pfund.

Die Situation, die er erwähnt, bezieht sich auf das neue finanzielle Management in Gestalt des amerikanischen Geschäftsmanns Allen Klein. Der fungierte zunächst als Berater von Andrew Oldham, verhandelte hart mit den Plattenfirmen Decca und London Records und sicherte sich die Rechte an allen früheren

Wymans Vater zweifelte jahrelang an seiner musikalischen Karriere und damit verbundenen Einnahmen.

Wymans zweites Auto war ein Morris Minor Traveller 1000 – Fahrstunden nahm er erst später.

Songs der Stones, was ab Anfang der 70er-Jahre langjährige juristische Auseinandersetzungen mit sich brachte. Die Streitereien mit Klein führten dazu, dass Wyman nicht an seine Anteile der Tantiemen gelangte, die in den USA blieben und nicht auf sein Konto bei der Bank of England eingingen. Daher zahlte er seinen Mercedes 250 S (Kennzeichen: KYM 585D) erstmal nur an. Es war ihm wichtiger, dass seine Eltern ein besseres und schöneres Haus bekamen. Im April oder Mai 1966 kaufte er ihnen ein Anwesen an der Crescent Road für knapp 8.000 Pfund und genoss erst später die Annehmlichkeiten des Mercedes, für den er sehr schwärmte. Sein Vater kritisierte jedoch, dass er sich so in Unkosten stürzte und zweifelte daran, dass seine Musik immer zu guten Einnahmen führen würde. William George Perks war genauso skeptisch wie Williams Bruder Paul. »Unsere Eltern konnten nicht akzeptieren, dass man dank Popmusik ein Haus kaufen und in einem Mercedes fahren konnte«, so der Musiker.

»Die Familie war nicht mal in der Lage, sich die Versicherung für den Mercedes zu leisten, als wir heranwuchsen. Mein Vater sagte immer: ›Bring dein Geld zur Bank und gib es nicht aus‹.«

PAINT IT BLACK

»Es war das erste Auto, das Mercedes mit abgedunkelten Scheiben machte«, so der Bassist. »Alle wollten damals abgedunkelte Scheiben, Mick Jagger und Brian Jones hatten sie bei ihren Minis, und ich ließ sie für den Mercedes anfertigen. Der Hersteller hatte das noch nie gemacht und angeboten, also half ich bei der Recherche danach. Das hat mich seinerzeit 350 Pfund gekostet, und dann wurde ich andauernd angehalten, denn die Polizei wollte wissen, wer sich hinter den Scheiben verbarg. Von 1966 bis 1969 bin ich mit dem Auto in London unterwegs gewesen und zu den Olympic Studios gefahren, als wir die Alben ›Beggars Banquet‹ und ›Let it bleed‹ aufgenommen haben. Wenn wir nicht in den Studios waren, fuhr ich damit durch England, um zu fotografieren.«

Beinahe wäre in dieser Zeit noch ein weiterer Wagen dazugekommen, doch Wyman saß einem Betrug auf. Angetan von einem Alfa Romeo, besuchte ihn im Herbst 1967 ein Autoverkäufer in seinem Haus »The Old Oaks« in Keston. Wyman gab seinen MGB in Zahlung und legte 650 Pfund drauf. Da der Alfa noch nicht lieferbar war, verblieben die Männer, dass der Verkäufer sich melden wollte, wenn die Neuerwerbung zur Verfügung stand. Mehrere Monate lang fragte der Musiker immer wieder nach und beauftragte schließlich Rechtsanwälte, die herausfanden, dass die Autofirma bankrott war. Den MGB und das Geld sah er nie wieder – und den Alfa Romeo gar nicht.

Was aus dem MGB wurde, ist nicht bekannt. Einiges was er damit erlebte, schon. Er diente ihm und seinem Sohn Stephen nicht nur bei Ausflügen, sondern half auch bei einem Schäferstündchen mit seiner Geliebten Doreen Samuels. Bevor er sie im Juni 1966 in der Nähe ihres Zuhauses absetzen wollte, überkam das Pärchen die Lust für ein besonderes Finale des Abends. Als Ort diente ein leerstehendes Parkhaus, auch wenn der enge MGB nicht hilfreich war und ein paar Kratzer abbekam. »So viel zu dem glamourösen Leben eines Rockstars«, kommentierte Wyman ironisch.

Vermutlich 1970 oder 1971 verkaufte er den Mercedes 250 S und gab ihn gegen ein rotes Mercedes Coupé (Kennzeichen: FRT 9J) in Zahlung. Später vermisste er seinen ersten Mercedes, begab sich auf die Suche, fand ihn im Herbst 1991 bei einer alten Dame in Bury St. Edmunds und kaufte ihn im November wieder zurück. Er zahlte 1.000 Pfund dafür – seine damalige Anzahlung. Nur die Abwicklung des Geschäfts war ungewöhnlich, denn sie bestand darauf, dass er in 1-Pfund-Noten bezahlte. Der schlechte Zustand des Mercedes störte ihn nicht. Wyman ließ ihn 1998 von dem

Wyman leistete sich einen MGB und einen
Mercedes 250 S – nachdem seine Eltern ein schönes Haus bekommen hatten.

In späteren Jahren galt Wymans Autoliebe der Marke Mercedes.

Spezialisten Tony Davey restaurieren und die abgedunkelten Scheiben wieder entfernen. 2017 verkaufte er ihn erneut. Der neue Eigentümer bot ihn 2021 über die Auktionsseite von »Car & Classic« an. Er erzielte 14.500 Pfund.

YOU GOT THE SILVER

Auf die Frage, welche seine beste Zeit bei den Stones war, sagte er in den 90ern: »Die Jahre von 1968 bis 1972, die Alben ›Beggars Banquet‹, ›Let It Bleed‹, Sticky Fingers‹, ›Exile On Main St‹ – da war die Band richtig bei sich, zeigte sich im richtigen Licht. Tiefpunkt war die Zeit in Frankreich. Mit diesen »fucking« Franzosen kam ich einfach nicht zurecht« – mit den französischen Autos aber schon. 1971 kaufte er sich einen neuen silbernen Citroën SM, ein Sportcoupé, das in Kooperation mit Maserati entstand. »In dem Moment, als ich den Wagen sah, dachte ich: das ist es! Er sah so wunderschön aus. Sie zeigten mir diesen außergewöhnlichen Motor und die doppelten Rücklichter, und ich dachte: unglaublich. Ich habe mich damals regelrecht in das Auto verliebt.« Diese Liebe hielt 44 Jahre.

Bei der Arbeit an dem Album »Exile On Main St.« wohnte Wyman zunächst in Grasse, erwarb dann aber eine Villa im knapp 30 Kilometer entfernten Saint-Paul-de-Vence, wohin ihm der damals schnellste vorderradangetriebenen Wagen der Welt auch geliefert wurde. Trotz der vermeintlich kurzen Entfernung fuhr er täglich rund eine Stunde pro Strecke mit der Neuerwerbung. Er genoss es sehr, auch wenn er immer Angst hatte, dass die Lackierung aufgrund der zum Teil engen Straßen und vielen Bäume etwas abbekam. Charlie Watts war so begeistert von dem Aussehen des Franzosen, dass er auch einen kaufte, ihn aber nie fuhr – wie alle seine anderen

Autos (siehe Kapitel 6). Wyman gestand zwar, dass der Wagen mit seinem 170 PS-Motor, der außerdem häufig gewartet werden musste, nicht einfach zu fahren sei, doch er mochte ihn sehr. Wyman lebte von 1971 bis 1982 in Südfrankreich und nutzte ihn auch, um zu weiter entfernten Schallplattenaufnahmen zu fahren. Wyman, der die vielen Flugreisen mit den Stones überhaupt nicht mochte, erlaubte der Citroën SM eine neue Form von Freiheit. »Ich fuhr ihn immer mal wieder von Vence nach Paris, wo wir die Alben ›Some Girls‹, ›Emotional Rescue‹ und ›Tattoo You‹ aufnahmen. Ich fuhr zu Keith Richards Haus in Saint-Jean-Cap-Ferrat und immer mal wieder einfach so nach Paris. Es waren acht Stunden pro Strecke.«

Dem Auktionshaus Bonhams, das den Wagen am 26. Juni 2015 im Rahmen des Goodwood Festival of Speed anbot, erzählte er von seinen vielen Fahrten mit dem seltenen Stück. Er schwärmte davon, auch wenn er zuvor auch dessen negative Seiten erwähnt hatte. »Er war so leicht zu fahren«, las man da, auch wenn das vermutlich der Taktik geschuldet war, den Preis hochzutreiben. »Ich habe mich sehr gut mit Marc Chagall sowie César und James Baldwin angefreundet und fuhr zu ihren Häusern an der Côte d´Azur. Ich bin auch nach Monte-Carlo gefahren, um mich mit Ringo und den griechischen Reedern Spiros und Philip Niarchos zu treffen. Ich war in Marseille, in Portofino und ein paarmal damit in England. Zweimal reiste ich mit dem Auto zum Montreux Jazz Festival und spielte dort u.a. mit Muddy Waters.«

Der Wagen brachte 61.980 Pfund (95.117 Dollar) ein. Bei derselben Auktion kam auch sein blauer Mercedes 250 S unter den Hammer. Er erzielte 20.700 Pfund (32.769 Dollar). »Es tut mir wirklich weh, diese beiden Autos zu verlieren, aber ich habe sie viele Jahre lang genossen und dafür gesorgt, dass sie in makelloser Verfassung sind. Sie sollen jetzt an Leute geraten, die sie genauso lieben und sich genauso darum kümmern, wie ich

Wyman brachte zwischen 1974 und 2024 insgesamt sieben Solo Alben heraus.

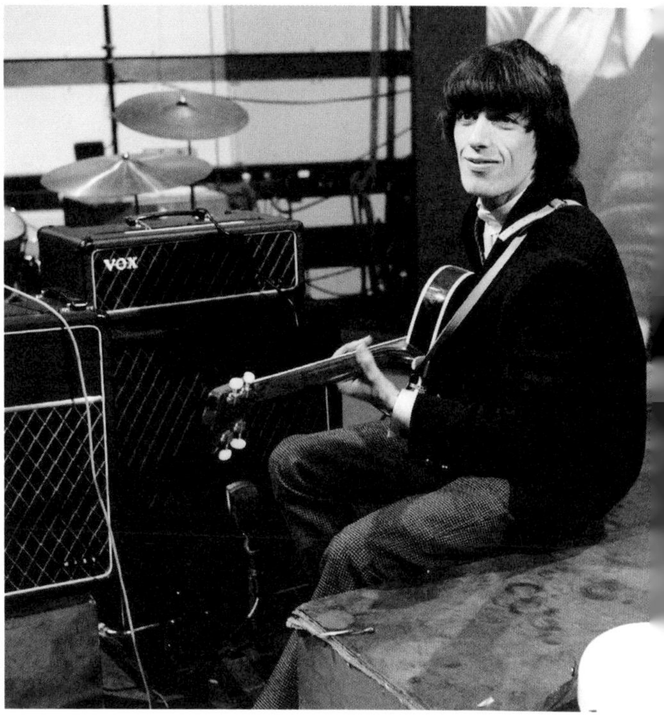

Wymans Mercedes 250 S und sein Citroën SM wurden von Bonhams versteigert.

es tat«, kommentierte der Ex-Stone den Verkauf.

I´M FREE

Auf die Frage: »Denken Sie manchmal mit Wehmut an die alten Zeiten?«, sagte Bill Wyman in den 90er-Jahren: »Wirklich nicht. Ich war 30 Jahre lang auf der Straße. In Städten, in denen ich nicht sein wollte. In Hotelzimmern, in denen es nur eine Bar und einen Fernseher gab. Wir konnten ja nirgends hingehen, die Hotels waren von Fans umlagert! Charlie hat es einmal auf den Punkt gebracht: 25 Jahre Stones – das waren 5 Jahre Arbeit und 20 Jahre Rumgehänge.« Nach den bereits erwähnten angenehmen Zeiten – ab Ende der 60er-Jahre bis in die 70er-Jahre hinein – war Wyman, auch aufgrund der Streitereien zwischen Mick Jagger und Keith Richards zunehmend unzufrieden. Zwischen den beiden Stones-Alben »Tattoo You«, das am 24. August 1981 erschien, und »Undercover«, das am 7. November 1983 herauskam, nutzte er die Zeit und fuhr 1982 mit einem Land Rover durch Australien. Vor allem Mick

Jaggers erste beiden Solo-Alben, die 1985 und 1987 erschienen, trieben einen Keil zwischen die Band-Mitglieder. Wyman hasste auch die immer mehr ausufernde Gigantomanie der Konzerte.

Anfang der 90er-wurde sein Wunsch nach Veränderung konkreter. Im Rahmen der »Steel Wheels«-Tournee beschloss er im August 1990, nach einem Flug von Kopenhagen nach Berlin, nicht mehr in ein Flugzeug zu steigen, sondern den Rest der Tour auf dem Landweg zurückzulegen. »Ich bin im Auto gefahren und habe mir die Landschaft angesehen«, erzählte er dem Journalisten Martin Scholz. »Das war fantastisch. Die anderen haben so etwas nie mitbekommen. Sie fuhren immer nur vom Flughafen direkt zum Hotel und dann in die Stadien. Währenddessen fuhr ich über Landstraßen, hielt immer wieder an, ging über Märkte und kaufte Klamotten. Souvenirs. Ich hatte sowas vorher noch nie gemacht.« Er fuhr u.a. mit dem Auto von England nach Südfrankreich, während seine Familie weiterhin flog. »Ich genieße die Fahrt, weil ich da meine Ruhe habe. Ich brettere nicht wie ein Verrückter über die Autobahn. Ich halte unterwegs an, gehe essen. Während die Landschaft an mir vorbeizieht, kann ich nachdenken. Nach 15 Stunden auf der Straße habe ich einen klaren Kopf.« Nur seinem alten Mercedes mutete er diese Strapaze nicht zu. »Nein, er ist zu schön zum Fahren. Ich gucke ihn mir lieber in der Garage an.«

Da er seinen Lieblings-Mercedes erst 1991 wiederfand, erwarb er andere Modelle der Marke und nutzte sie stattdessen. Dazu zählte auch ein 560 SEL von Mick Jagger. »Ein Rockstar fährt ein dickes deutsches Auto«, sagte der zu dem Bassisten 1993 und bot ihm seinen drei Jahre alten Wagen in dunkelblaumetallic »zum Freundschaftspreis« an (Kennzeichen: G555 VYK). Wyman mochte ihn und kaufte sich zusätzlich noch einen silbernen (Kennzeichen: RMR 542Y) der Baureihe 126. Mit beiden Wagen fuhr er abwechselnd zwischen Südfrankreich und London hin und her – und gab zu, dass die 300 PS dabei halfen, Paparazzi abzuschütteln. Als ihm Fans vor seinem Londoner Restaurant »Sticky Fingers« von seinem silbernen Wagen immer mal wieder den Mercedes-Stern abrissen, beauftragte er den Hersteller so etwas zu bauen wie bei Rolls-Royce: Beim Parken verschwand der Stern unter der Haube. Laut Ulrich Schröder, dem Leiter des Stones Fan Museum in Lüchow, war Wymans Wagen der erste, der so etwas hatte. Im Jahr 2018 sagte Wyman dem englischen Magazin »Classic Cars«: »Ich liebe beide Autos, habe wundervolle Orte mit ihnen besucht, aber sie vergeuden ihre Zeit in meiner Garage.« Er bot sie an, hörte von der Sammelleidenschaft von Stones-Fan Ulrich Schröder und machte ihm »einen echt fairen Preis«. Seit dem Oktober 2018 sind beide Wagen im Stones Fan Museum im niedersächsischen Lüchow zu sehen.

Zusätzlich zu den englischen, deutschen und dem französischen Auto kam Wyman 1983, genauso wie die anderen Stones auch, in den Genuss eines Ferrari 400 i (Kennzeichen: FLB 647Y). Sein Wagen war silbermetallic, hatte innen zweifarbiges blaues Leder, war rechtsgelenkt und verfügte über ein Automatikgetriebe. Alle Ferraris wurden vom damaligen Stones-Manager Arnold Dunn in Maranello übernommen, die von Jagger, Richards und Wyman nach Paris geliefert, der von Wyman später nach England überführt. Ob er ihn selbst dorthin gefahren hat, ist nicht bekannt. Er verkaufte ihn 1989 an den britischen Filmproduzenten Eric Fellner (»Notting Hill«, »Bridget Jones«-Reihe, »Johnny English«-Reihe). Danach gehörte er einem Londoner Diamantenhändler, einem Liverpooler Geschäftsmann und einem weiteren anonym gebliebenen Eigentümer, der ihn nach elf Jahren, im Januar 2023, über das Auktionshaus WB & Sons in Newcastle upon Tyne versteigern ließ. Damals war er 71.699 Meilen gelaufen. Mit dabei waren die Original-Bedienungsanleitung sowie das Servicehandbuch mit dem Datum vom 21. März 1983. Selbst Wymans Adresse war eingetragen: 1a Mulberry Walk. Es ist das erste seiner sechs Häuser, die er in London besessen hat, das auch über eine Garage verfügte, als er es 1982 kaufte. Ironische Bemerkung des Gitarristen: »Ich bezahlte 30.000 Pfund für das Haus mit der Garage. Als ich es verkaufte, brachte mir alleine die Garage 30.000 Pfund ein.« Der Wagen erzielte 28.600 Pfund.

IT'S ALL OVER NOW

Am 3. Dezember 1992 gab Mick Jagger bekannt, dass die Band nach einem neuen Bass-Gitarristen suche, da Bill Wyman sie verlassen hätte. Er wollte frei sein, eigene Projekte realisieren, dem Druck entgehen, der mit dem Status der Band einhergeht und nicht mehr

Wyman kaufte einen Mercedes 560 SEL von Mick Jagger.

fliegen. In der Folgezeit spielte er dennoch immer mal wieder bei den Plattenaufnahmen der Stones mit, musizierte mit anderen Künstlern und nahm Solo-Alben auf.

Im Jahr 2000 berichtete er ausführlich von seiner Auto-Leidenschaft: »Ich besitze insgesamt vier Mercedes. Gerade habe ich meinen fünften gekauft. Ich sammle die Marke seit 1965. Die stehen alle in meiner Garage. Ich habe Modelle aus den Jahren 1965, 1969 und 1982. 1989 kaufte ich dann einen Benz von Mick Jagger. Als mir letztes Jahr wieder Tantiemen von den Rolling Stones überwiesen wurden, habe ich mir einen nagelneuen Mercedes zugelegt. Das 65er-Modell habe ich übrigens komplett überholen lassen. Jetzt ist es wie neu.«

Jahre später gab er in einem Interview die folgende Aussage zu Protokoll: »Für mich war es niemals: ›Ich hoffe, dass ich sterbe, bevor ich alt werde‹. Es war: ›Ich hoffe, dass ich ein schönes Haus und ein schönes Auto habe, bevor der Rock'n'Roll stirbt‹. Das war mein Konzept. Ich wollte nicht unglaublich reich sein, sondern es sollte für meine kleine

Familie nur ein kleines bisschen komfortabler sein, um dann etwas anderes zu machen.«
Genau das ist ihm gelungen. Im Alter von sieben Jahren fing er an Tagebücher zu schreiben. Er klebte Unterlagen in Schulhefte und bewahrte so der Nachwelt große Teile seines Lebens auf. »Ich begann kleine Dinge in ein Notizbuch zu schreiben«, so Perks/Wyman. »Ich durchlebte den Krieg mit meiner Großmutter, machte kleine Bücher, wo ich Dinge aus Zeitungen und Magazinen ausschnitt. Das habe ich alles behalten, bis ich zum Militär ging. Als ich aus Deutschland auf Urlaub kam, hatte meine Mutter alles weggeworfen. Sie dachte, das wäre Kinderzeug. Das habe ich sehr bedauert. Nach dem Militär begann ich wieder zu schreiben. Ich musste mein Leben neu erinnern.« 1961 fing er an und hob alle möglichen Erinnerungsstücke auf, wozu u.a. auch Prospekte und Konzerttickets gehörten.

Bereits am 30. Oktober 1968, sechs Tage nach seinem 36. Geburtstag, zog er in das Anwesen Gedding Hall in Suffolk, dessen ältester Teil aus dem Jahr 1480 stammt, und wurde zum »Lord of the Manor of Gedding and Thormwood«. Das Haus verfügt über drei Badezimmer und sechs Schlafzimmer, hat ein 56.600 Quadratmeter großes Grundstück sowie eine Garage für acht Autos. Dort lebt er zurückgezogen mit seiner dritten Frau, der Schwedin Suzanne

Ulrich Schröder vom Stones Fan Museum in Lüchow mit den beiden Mercedes von Bill Wyman. Am W126 im Vordergrund ist der versenkbare Stern zu erkennen.

Acosta, die er am 21. April 1993 heiratete. Er trägt Figuren schottischer Soldaten sowie militärische Artefakte zusammen. Die Sammelleidenschaft begann bereits am 25. Dezember 1946, als er von seinem Vater zu Weihnachten ein selbstgebautes Militärfort geschenkt bekam. Inzwischen ist Wyman nicht nur ein hartnäckiger Rechercheur und Chronist, sondern bleibt ein exzessiver Sammler, der mit entsprechenden Geräten ausgerüstet, schon eine ganze Reihe von archäologischen Funden auf seinem Grundstück ausgemacht hat.

Im Herbst 2024 veröffentlichte Wyman sein bislang siebtes Solo Album. Es trägt den Titel »Drive My Car«.

Wyman mit seiner dritten Frau Suzanne Acosta mit der er seit 1993 verheiratet ist.

Wyman betätigt sich auch als Fotograf. 2006 präsentierte er in Rotterdam Fotos aus der Bandgeschichte der Rolling Stones.

Immer mal wieder tritt Wyman noch auf, so auch hier 2009 mit Ron Wood.

KAPITEL 6

CHARLIE WATTS
»ICH KANN NICHT FAHREN.«

Charlie mit seinen Eltern Lillian Charlotte und Charles Richard Watts 1943 am Trafalgar Square in London.

»ICH KANN NICHT FAHREN.« – DIE FAHRZEUGE VON CHARLIE WATTS (02.06.1941 – 24.08.2021)

(LAGONDA RAPIDE CABRIOLET, BUGATTI TYPE 57 SC ATLANTIC, CITROËN 2 CV + MÉHARI, LAMBORGHINI MIURA, CITROËN SM, ROLLS-ROYCE)

Mitte des Jahres 1963 veröffentlichte der »offizielle Rolling Stones Fan Club«, der von Diane (Doreen Pettifer) gegründet und geleitet wurde, eine Reihe von biografischen Angaben über die Stones. Dabei war auch eine interessante Liste ihrer Ambitionen und Wünsche für die Zukunft. Ausschließlich Club-Mitglieder bekamen die folgenden Dinge zu lesen: Mick Jaggers Wunsch war, sein eigenes Geschäft gründen und einen »Millionseller« herausbringen. Keith Richards Interesse gilt dem Sport, Booten und dem Surfen. Er wollte ein Boot besitzen und im London Palladium auftreten. Brian Jones möchte auf einem Hausboot leben. Charlie Watts würde gern ein Schloss und einen »pinkfarbenen Cadillac« besitzen und will in einem Film auftreten. Eine große Autokollektion legte sich Watts zwar zu, aber ob der erwähnte Traum vom Cadillac in Erfüllung ging? Bewegt hat er seine Autos jedenfalls nicht, obwohl sein Vater mit Transporten zu tun hatte.

Charles Robert Watts kam am 2. Juni 1941 im University College Hospital im Londoner Stadtteil Bloomsbury zur Welt. Sein Vater Charles Richard Watts gehörte zu der Zeit zum Bodenpersonal der Royal Air Force. Nach dem Krieg fuhr er für die Eisenbahngesellschaft Midland & Scottish Railway Lkw. Seine Mutter Lillian Charlotte arbeitete in einer Fabrik. Die junge Familie entging dem Terror der Nationalsozialisten, wie Watts sich später erinnerte: »Ich hörte, wie in der Nachbarschaft Bomben explodierten. Und ich weiß noch, wie wir Hals über Kopf aus dem Haus in den Luftschutzbunker gerannt sind. Aber ich war noch sehr klein. Krieg war für mich eine Art Spiel – ich glaube nicht, dass ich jemals echte Angst hatte.«

Ihr Heim an der Adresse 23 Pilgrims Way, das nördlich des Stadtteils Wembley lag, überstand den Krieg unbeschadet. Die Familie hatte Glück, denn viele Häuser im Stadtteil Wembley wurden von deutschen Bombern zerstört. Der kleine Charlie besuchte als erstes die Fryant Way Infant School im Nordwesten von London. Dann zog die Familie weiter westlich nach Kingsbury. Ab 1952 ging er auf die Tylers Croft Secondary Modern School und blieb dort vier Jahre. Er war zwar Teil des Chors, entwickelte aber kein Interesse

> **»TROMMELN FASZINIEREN MICH. VIELLEICHT LIEGT ES EINFACH AN DEM KRACH,DEN SIE MACHEN.«**
> – CHARLIE WATTS

am Gesang. Er interessierte sich eher für eine andere Form von Musik, da sein Nachbar und Schulfreund Dave Green sich ebenfalls dafür begeisterte und gern Jazz hörte. Später spielten sie häufig gemeinsam in Bands. Im Alter von 13 Jahren erwachte bei Watts das Interesse an Trommeln. Zwar hatte er als erstes ein Banjo, aber das Saiteninstrument nahm er auseinander, entfernte den Hals und verwendete den Korpus und ein paar Stuhlbeine als kleine Trommel, die sogenannte Snare Drum. Als er Weihnachten 1955 von seinen Eltern ein Schlagzeug bekam, hatte das Ex-Banjo ausgedient. »Trommeln faszinieren mich«, sagte er später. »Fragen Sie mich nicht warum. Vielleicht liegt es einfach an dem Krach, den sie machen.«

COOL, CALM AND COLLECTED

Er arbeitete als Grafikdesigner, studierte aber dennoch bis zum Jahr 1960 Kunst an der Harrow Art School, die zur Universität von Westminster gehört. Das Schlagzeugspielen brachte er sich selbst bei. In der 1965 erschienenen Dokumentation »Charlie is my Darling« sagte er dazu: »Ich habe mit dem Schlagzeug einfach so angefangen. Ich kann keine Noten lesen und bin so gesehen gar kein richtiger Musiker. Vielleicht bin ich aber tatsächlich großartig.« Er spielte bei verschiedenen Jazz-Bands im Londoner Zentrum, auch bei Hochzeiten, in Bars und in den Jahren 1958 und 1959 bei den Jo Jones All Stars, einer Jazz- und Rhythm and Blues-Band in Middlesex. Zu den Auftritten fuhr er per Bus. Einmal rollte ihm eine Trommel auf die Straße, doch glücklicherweise hielt der freundliche Busfahrer an und der Musiker konnte sie wieder einsammeln. Immer mal wieder brachte auch Dave Greens Vater die Band zu den Gigs. Während seiner Zeit an der Uni nach einem Auto gefragt, gab er in einem Interview bekannt: »Ich möchte nicht fahren, aber wenn ich Millionär wäre, würde ich mir historische Wagen kaufen und sie mir nur ansehen, weil sie so wunderschön sind.« Da der Status des Millionärs noch auf sich warten ließ, begann diese Sammelleidenschaft frühestens in den 70er-Jahren, manche seltenen Automobile kaufte er auch erst in den 80er-Jahren. Dazu später mehr.

Anfang der 60er intensivierte sich vor allem sein Interesse an Jazzmusik. Es ging sogar so weit, dass er sich ausführlich mit dem Jazz-Saxophonisten Charlie Parker beschäftigte, woraus ein Kinderbuch wurde, das er auch illustrierte. Es erschien 1964 unter dem Titel »Ode To A High Flying Bird«. Bei einem der Auftritte im Jahr 1961 traf er erstmals auf Shirley Ann Shepherd, die am Royal College of Art Bildhauerei studierte und drei Jahre später seine Frau wurde. Als er im Sommer 1961 auf den Musiker Alexis Korner traf, lud der ihn ein, seiner Band »Blues Incorporated« beizutreten. Er lehnte zunächst ab, da sein Beruf ihn in das dänische Jütland führte, doch gleich nach seiner Rückkehr im Frühjahr 1962 nahm er das Angebot von Korner an – und bekam fünf Pfund Gage pro Woche.

SURPRISE, SURPRISE

Am 24. März 1962 war Brian Jones zu Gast im Ealing Jazz Club an der Adresse 42A The Broadway im westlich vom Zentrum gelegenen Stadtteil in London und hörte der Band von Alexis Korner zu, die sich »Blues Incorporated« nannte. Charlie Watts war Teil der Besetzung, und er fiel Jones positiv auf. Er sprach ihn an, ob er nicht zu seiner Band wechseln wollte, doch Watts hatte kein Interesse. Er entgegnete, dass

Watts auf dem Weg in die Olympic Studios in London im Juli 1967, im Hintergrund ein Austin A60.

Charlie Watts wurde erst ab Februar 1963 dauerhaftes Mitglied der Rolling Stones.

er noch als Grafikdesigner arbeite und außerdem die sichere Bezahlung von Korner bevorzuge, anstatt der unsicheren Neugründung der Stones – ohne Gage – beizutreten. So kam zunächst Tony Chapman als Schlagzeuger zum Zug. Watts schwenkte erst Ende des Jahres 1962 um, trat am 12. Januar 1963 erstmals gemeinsam mit den Stones auf und wurde ab einem Auftritt am 2. Februar 1963 im Ealing Jazz Club tatsächlich ihr dauerhafter Schlagzeuger, auch weil er an den Stil der Stones glaubte: »Ich hatte diese Theorie, dass R&B ein großer Teil der Musikszene werden würde, und ich wollte gern dabei sein. Die Stones machten das gut, also sagte ich zu.«

Erst im Juni 1963 gab er seinen festen Job als Grafikdesigner auf. Zu der Zeit wohnte Watts noch bei seinen Eltern in Neasden und fuhr mit dem Bus zum gemeinsamen Üben. Ian Stewart holte ihn ab, fuhr ihn zu den Auftritten und brachte ihn wieder nach Hause. Darüber, einen Führerschein zu machen und selbst Auto zu fahren, dachte er kurz nach, empfand den »Verkehr aber als schrecklich« und verfolgte die Idee nicht weiter. »Ich wollte damals fahren, aber es war wirklich so schwer, das zu tun.« So lernte er niemals Auto zu fahren. Zu der Zeit investierte er auch nicht in Autos, das kam erst Jahre später, sondern in Erstausgaben von Büchern, zum großen Teil auch signiert, Objekte aus dem Bürgerkrieg und über Waffen. Er kaufte gern Schnittmusterhefte,

Keith Richards und Charlie Watts, beide stilvoll gekleidet.

Hüte und sammelte Koffer, am häufigsten aber feinste Kleidung. Schon im Alter von sieben Jahren trug er seinen ersten Samtanzug und fand Gefallen daran, sich schick zu machen. Bei den frühen Londoner Auftritten erschien er mit Jackett und Einstecktuch. Jeans waren verpönt. Ab Juli 1963 absolvierte die Band in Großbritannien 78 Auftritte in 76 Tagen, die sukzessive besser bezahlt wurden, sodass Watts an seiner optischen Präsenz arbeiten konnte und auf edle Outfits achtete, auch da es seine Mutter war, die seine Shirts wusch – 14 pro Woche, wie findige Rechercheure herausgefunden haben. Im Frühjahr 1964 konnte er seinen Eltern ein neues Haus kaufen, sodass sie nach Kingsbury in Harrow zogen, nordwestlich vom Londoner Zentrum. In dem Jahr absolvierte die Band schon 206 Auftritte, vier Tourneen durch Großbritannien und zwei durch die USA. Die Zeit nutzte er manchmal für Ausflüge, zum einen in die örtlichen Jazzclubs und Memorabilien-Geschäfte, zum anderen etwa, während der ersten USA-Tournee am 9. Juni, für eine Fahrt mit einem Jeep ins Hinterland. Gemeinsam mit Stu und zwei Amerikanern ging es entlang ausgetrockneter Flussbetten zu einem Büchsenmacher, um Waffen zu kaufen und Klapperschlangen zu jagen. Im April 1964 hatten die Stones eine Cover-Version von Nat King

Coles »Route 66« aufgenommen und veröffentlicht. Jetzt genoss Watts die darin besungene Form von Freiheit und Abenteuer. Er lernte aber auch die Kehrseite des Ruhms kennen – die Begrenzung seiner Freiheit. Nach dem Konzert im Swing Auditorium in San Bernardino am 5. Juni stürmten rund 2.000 Teenager die Barrikaden rund um den Tourbus und folgten der Band in ihren Pkw, nachdem die Stones einigermaßen sicher zu ihm gelangt waren.

1964 ereignete sich in den USA auch eine Episode, die viel über Watts aussagt: eine Einladung zu einer Party, die plötzlich eine ganz andere Wendung nimmt. Der amerikanische Schlagzeuger Hal Blaine, der als Studiomusiker erfolgreich war, lud ihn, Bill Wyman und den Stones-Manager Andrew Loog Oldham zu einer Party in den Hollywood Hills ein und nahm sie in seinem Cabrio mit. In dem Jahr kam gerade der automatische Garagenöffner auf den Markt, der für Watts völlig neu war. Nach Aussagen von Don McAuley, der sich ab dem Jahr 2012 um die Schlagzeuge von Watts kümmerte, fuhr Hal »ohne anzuhalten auf sein Haus zu, das Garagentor ist nach wie vor fest verschlossen. Plötzlich greift er nach unten, drückt auf einen Knopf, und das Tor öffnet sich. Allen blieb die Spucke weg. Bei dieser Aftershow-Party waren Unmengen von Stars anwesend, aber offenbar hatte Charlie keinerlei Interesse an ihnen. Stattdessen machte er nur ständig das Garagentor auf und zu. Wo ist denn Charlie? Ach, der ist in der Garage.«

»ICH TRAGE IMMER NOCH KLEIDUNG, DIE ICH VOR 30 JAHREN GEKAUFT HABE. SIE KOSTETE SO VIEL GELD, DASS ICH SIE NICHT HERGEBEN MÖCHTE.«
– CHARLIE WATTS

SHE SAID YEAH

Im Herbst 1964 standen für Watts und seine Familie größere Veränderungen an. Er verließ das Elternhaus und zog an die Adresse 143 Ivor Court, Gloucester Place, gegenüber dem Regent´s Park in London. Außerdem heiratete er am 14. Oktober 1964 Shirley Ann Shepherd in Bradford und feierte mit ihr und Gästen in einem Landhaus nahe Ripon nördlich von Leeds. Da er weiterhin nicht Auto fuhr, reiste das jung vermählte Paar mit dem Zug nach Yorkshire, um ein paar Tage auszuspannen, und anschließend wieder mit der Bahn nach London zurück.

Die Hochzeit hatte er vor den Stones und Manager Andrew Loog Oldham geheim gehalten. Schließlich hatte der die Regel ausgegeben, als Singles aufzutreten, um die weiblichen Fans nicht zu vergraulen. Das gelang auch für eine begrenzte Zeit, aber schließlich wurde es doch bekannt. Fast schon berühmt wurden die Antworten von Watts auf einer Pressekonferenz während einer Tournee, die die Band im Spätherbst nach Brüssel und Paris führte.
Ein junger Discjockey: »Sie sind der stille Stone, Charlie«. »Ja«, antwortete Watts. »Warum werden Sie so genannt?« fragte er nach. »Weil ich nicht viel rede«, entgegnete Watts.
Nicht in der Öffentlichkeit zu stehen, war Watts immer lieber. »Ich wollte immer nur Schlagzeug spielen«, sagte er mehrfach. »Frauen, die mich durch die Straßen jagen und schreien … grässlich«, sagte er dem »Guardian«. »Ich hasste es.«

WE HAD IT ALL

Das war auch der Grund, warum die Familie Watts ihr Haus in der Southover Street in Lewes in East Sussex, das sie in der zweiten Hälfte der 60er-Jahre bewohnte, wieder verkaufte. Das »The Old Brewery« genannte Anwesen aus dem 16. Jahrhundert war in der Nähe einer Parfüm-Fabrik und die Mitarbeiterinnen versuchten ständig herauszufinden, was Watts denn so in Haus und Garten macht. Dafür kletterten sie gern auf das Dach ihrer Firma. In der Zeit konnte sich Watts schon einen Chauffeur leisten, um zu den Aufnahmen der Stones in den Londoner Olympic Studios zu kommen. Der Vater von Doug Sanders, der frühere Gitarrist und Sänger der Mod-Revival Band The Lambrettas, fuhr ihn ins Studio und in East

Watts besaß auch eine gelbe Ente, wie sie in dem 007-Film »In tödlicher Mission« ihren Verfolgern entkam.

Begeistert von Bill Wymans Citroën SM kaufte sich auch Charlie Watts ein Exemplar.

Sussex rund um Lewes herum.

Wie die anderen Stones auch, verließ Watts Großbritannien im April 1971 aus Steuergründen. Er wohnte zunächst in einem Hotel in Cannes, mietete dann aber ein Farm-Anwesen namens »La Bourie« nahe Arles in Südfrankreich zwischen Anduze und Saint-Jean-du-Gard, wo seine Frau Pferde züchtete. Der Bruder seiner Frau Shirley fuhr Charlie zur Villa Nellcôte nach Villefranche-sur-Mer, wo die Band das Doppelalbum »Exile on Main St« konzipierte, komponierte und aufnahm. Er pendelte also aus seinem Haus in den Cevennen, was jedes Mal bis zu vier Stunden Fahrt bedeutete – pro Strecke. Mit welchem Wagen er gefahren wurde, ist bislang ungeklärt, vermutlich aber in einem seiner Rolls-Royce. Shirley sprach Französisch und wurde schnell heimisch. Charlie eher nicht. Bekannt wurde, dass zu Charlies Autosammlung mindestens drei französische Fahrzeuge zählten. Es waren ein Citroën SM, das gleiche Modell, in das Bill Wyman so verliebt war, ein Citroën Méhari mit knapp 30 PS, ein offenes Freizeit- und Spaßmobil, sowie eine Ente, der berühmte Citroën 2CV in Gelb. Der Wagen war 1981 dank des James-Bond-Films »In tödlicher Mission« wieder sehr berühmt geworden und erfreute sich erneuter Beliebtheit (siehe Buch: »Motorlegenden – James

Bond«). Angeblich soll auch ein gelber Lamborghini Miura Teil seiner Sammlung gewesen sein, aber ob der in Frankreich stand oder später in England, ist unklar. Von dem Modell gab es zwischen 1966 und 1970 nur 474 Coupés und einen Roadster.

Familie Watts lebte mit der 1968 geborenen Tochter Seraphina bis 1976 in Südfrankreich und zog in dem Jahr wieder in ihr Heimatland zurück. Bis 1983 lebte das Trio im Foscombe House nahe Ashleworth in Gloucestershire, umgeben von 52 Hektar Land – viel Platz für 20 Autos. Ab 1983 bis zu seinem Tod war die Familie im Halsdon House nahe Dolton, einem Anwesen aus dem 16. Jahrhundert in der Grafschaft Devon, zu Hause. Das mit dem Schloss hat also geklappt. Hier baute seine Frau Shirley ihre Pferdezucht aus, doch musste sich die Familie großen Herausforderungen stellen. Vor allem in den 80er-Jahren, auch hervorgerufen durch die Solo-Aktivitäten von Mick Jagger und längere Pausen zwischen den Tourneen und Plattenaufnahmen hatte Watts eine schwierige Zeit. Die Ehe stand kurz vor dem Aus, ehe Keith Richards ihn ins Gebet nahm und auch seine Frau Shirley der Beziehung noch eine Chance gab. »Ich trank zu viel und nahm Drogen«, sagte Watts später dazu. »Ich war verrückt, aber ich war auch in der Lage wieder aufzuhören.« Ein Unfall beendete das Drama. Als er einmal in den Keller ging, um sich noch eine Flasche Wein zu holen,

Watts schätzte Autoformen - die Linien des Citroën Méhari ebenso wie diejenigen des Lamborghini Miura.

stürzte er und brach sich den Knöchel. Danach hörte er auf zu trinken – und begann sich vermehrt seiner Sammelleidenschaft zu widmen und die Autokollektion aufzubauen.

LUXURY

Außerdem ließ sich Charlie Watts Schuhe und Anzüge nach Maß schneidern, streifte durch Antiquariate und Antiquitätenläden und kaufte für sich und seine Frau Pferde, rund 200 Araber. Es wurde bekannt, dass er allein 80 Paar Schuhe im Wert von etwa 4.000 Pfund pro Paar erwarb und dass er sich Anzüge anfertigen ließ, die zu seinen Autos passten. Die Schuhe erwarb er bei George Cleverley in Mayfair, die Anzüge bei Huntsman in der 11 Savile Row, der Firma, die auch durch die

Kino-Reihe »Kingsman« weltbekannt wurde. Er ließ sich nach eigener Aussage »wundervolle Reitkleidung, Reithosen und drei Paar Stiefel« anfertigen, ritt aber nie. »Macht die Kleidung einen Mann aus«, wurde er 2012 gefragt. Er antwortete: »Nein, macht sie nicht, aber sie hilft ihm dabei, dass er gut aussieht.« Er liebte es, sich fein zu kleiden, sich dann in eines der Autos zu setzen und die Tachonadel zu beobachten. »Er kaufte mal einen 1936er Alfa Romeo, weil ihm das Armaturenbrett so gut gefiel«, schrieb Ron Wood. »Außerdem gehört ihm ein wunderschöner burgunderfarbener Lagonda«, so der Gitarrist weiter. Dessen Schwager Vinnie bekam den Auftrag, davon ein originalgetreues Modell zu fertigen, und nicht nur das. Watts ließ sich auch »einen burgunderfarbenen Anzug anfertigen, sodass er sich darin hinter das Steuer setzen konnte, dem Motor zuzuhören, um nirgendwo hinzufahren«, so Wood.

»Ich habe vier historische Autos und kann die verdammten Dinger nicht fahren«, gestand Watts 2018 frustriert dem »New Musical Express«. »Ich liebe die Formen alter Autos, deshalb setze ich mich einfach hinein und lausche dem Motor. Ich nehme an, das könnte man als den Luxus eines reichen Mannes bezeichnen.«

Auch wenn weiterhin ungeklärt bleibt, wann und über welche Quellen er manche seiner Autopreziosen erworben hat, so ist doch auf jeden Fall sicher,

dass er 1983 eines der seltensten Stücke, ein Lagonda LG6 Rapide Cabriolet aus dem Jahr 1937, gekauft hat (Kennzeichen: FLJ 32I). Es ist eins von nur sechs Exemplaren, das vor dem Ausbruch des Zweiten Weltkriegs gebaut wurde – und eines von nur 25 überhaupt. Es war auch in der Hinsicht besonders, weil es 105 Meilen schnell war. Nachdem es mehr als vier Jahrzehnte nicht in der Öffentlichkeit zu sehen war, verliehen es die Erben 2023 nur für eine ganz besondere Veranstaltung in der Londoner Savile Row. Die Firma Huntsman & Sons, wo Watts jahrelang schneidern ließ, stellte den silbergrauen Wagen mit roter Lederinnenausstattung im Rahmen eines »Concours« am 22. und 23. Mai vor dem Geschäft aus. Innen waren auch drei seiner Anzüge zu sehen, die er sich speziell für seine Oldtimer anfertigen ließ. Im Laufe der Jahre soll er »dutzende historische Fahrzeuge« gehabt haben, darunter auch mehrere Kutschen. Zu seiner Sammlung zählten nach mehreren Quellen auch ein Bugatti Type 57 Atlantic, von dem es nur vier Stück gab/gibt – ein Type S, drei Type SC. Die Bezeichnung ist eine Hommage an den französischen Piloten Jean Mermoz, der mit verschiedenen Flugzeugen den Süd-Atlantik überquerte. Doch Watts machte kein Aufheben darum. Bilder von seinen Autos und Garagen wurden

Watts war einer der besten Kunden der Maßschneider in der Londoner Savile Row.

von ihm nie genehmigt. Selbst Aufnahmen davon, wie er in einem seiner Autos sitzt, sind nie aufgetaucht.

CAN I GET A WITNESS

»Manchmal zog er einen seiner besten Anzüge an und setzte sich in einen seiner wunderschönen Oldtimer, um sich an dessen handwerklicher Perfektion zu erfreuen«, bestätigt Paul Sexton in der 2022 erschienenen, autorisierten Biografie »Charlie´s Good Tonight«. Außerdem zitiert er den britischen Pianisten und Orchesterleiter Jools Holland, der sehr gut mit Watts befreundet war, mit den Worten: »Er sagte, früher sind wir immer nach Devon gefahren, das Verdeck war ein bisschen undicht, aber so war das bei allen Autos in den Sechzigern. Aber es hatte eben einen gewissen Schwung. Er sprach über die Automobile, die er damals besaß. Wenn Menschen erfolgreich sind und Autos mögen, kaufen sie sich die Wagen, die sie als Kinder mochten oder von denen sie ein Spielzeugmodell hatten. Das habe ich häufig beobachtet. Aber weil man in der modernen Welt auch irgendwie von A nach B kommen muss, kauft man sich noch einen schicken neuen Wagen. Charlie besaß ein paar amerikanische Oldtimer, weil er sie liebte, sowie ein paar Modelle aus den 30er-Jahren. Er erzählte mir, dass er mal Stoff von einem Anzug von Edward VIII. bekommen hatte und einen seiner Wagen mit demselben Material ausstatten ließ, weil es ihm so gut gefiel. Dann sprachen wir über alte Rolls-Royce und Bentleys, denn genau wie er, besaß ich einige Continental-Modelle aus den Sechzigern, den sogenannten Chinese Eye Rolls-Royce.«

»CHARLIE LIESS EINEN SEINER WAGEN MIT STOFF VON EINEM ANZUG VON EDWARD VIII. AUSSTATTEN.«
– JOOLS HOLLAND

Bei all dem Luxus, den sich Watts leisten konnte, vergaß er nie seine Herkunft und war gegenüber anderen immer großzügig. Für einen Taxifahrer, der ihn oft fuhr, war »Charlie ein anständiger Kerl. Er ist eigentlich immer gut gelaunt und hat meist auch nichts gegen einen gemeinsamen Drink einzuwenden. Er ruft ziemlich oft ein Taxi, weil er ja selbst nicht fahren kann. Nie ist er aus dem Bett, wenn ich hinkomme, aber sonst wäre er ja auch nicht Charlie, oder?« Nach Angaben des mit Watts befreundeten Musikproduzenten Chris Kimsey genoss er auch den Luxus, gefahren zu werden: »Ich glaube Charlie war der Typ Mensch, der sich gern chauffieren ließ, um den Wagen richtig genießen zu können. Selber zu

Watts mit Tochter Seraphina und Enkelin Charlotte. Er besaß auch einen Rolls-Royce Silver Cloud III Chinese Eye, wovon es nur 100 Stück gab.

fahren, ist bekanntlich etwas anderes, als nur Beifahrer zu sein.« Das genoss er z.B. in einem seiner Rolls-Royce. Bei einem Besuch bei Ron Wood, bei dem auch Kimsey zu Gast war, fragte ihn Watts, ob er ihn am Ende der Zusammenkunft mitnehmen soll. Der erwiderte, dass er nur eine halbe Meile entfernt wohnte. Watts daraufhin: »Nein, ich bring dich hin.« Kimsley: »Wir gingen nach draußen und er hatte einen großen brandneuen Rolls-Royce geliehen, inklusive Fahrer, weil er einen Ausflug mit der Familie machen wollte. Und dann brachte er mich in dem Phantom ein Stück die Straße runter.«

Im Jahr 2004 musste sich Watts einer Behandlung gegen Kehlkopfkrebs unterziehen, die erfolgreich verlief. Neben Ehrungen – wie die Aufnahme in die Rock and Roll Hall of Fame und die Hall of Fame des »Modern Drummer«-Magazins – dürfte ihn der Preis der Zeitschrift »Vanity Fair« aus dem Jahr 2006 am meisten gefreut haben. Er wurde in die Liste der »International Best Dressed« Hall of Fame aufgenommen. Zehn Jahre danach positionierte ihn das »Rolling Stone«-Magazin auf Platz 12 in der Liste der 100 besten Schlagzeuger aller Zeiten.

Watts starb am 24. August 2021 im Alter von 80 Jahren im Kreise seiner Familie in London. Nach verschiedenen Quellen hinterließ er ein Erbe von 29,6 Millionen Pfund. Die Todesursache wurde nie offiziell bekanntgegeben. Keith Richards erzählte aber im März 2022, dass er Krebs hatte. Viele seiner seltenen Erstausgaben und Objekte zur Geschichte des Jazz wurden vom 15. bis zum 29. September 2023 unter dem Titel »Gentleman Collector Rolling Stone« vom Auktionshaus Christie's in London versteigert. Einige Bücher erzielten über 210.000 Pfund. Bill Wyman war auch präsent.

Watts war ein begeisterter Leser und sammelte signierte Erstausgaben, die 2023 von Christie´s versteigert wurden.

Auch von Mick Jagger ließ sich Watts chauffieren - im Rahmen einer Promoveranstaltung im August 1997 in New York.

Die Autosammlung kam nicht unter den Hammer. Die Fahrzeuge gingen an Familienmitglieder, Freunde und seine Tochter Seraphina. Vielleicht war ja auch ein »pinkfarbener Cadillac« dabei, von dem er 1960 schon geträumt hatte. Seraphina sagte einmal über die eigene Familie: »Vermutlich wusste ich schon, dass ich anders war, weil wir einfach das größte Auto hatten.«

APITEL 7

RON WOOD
»ICH FAHRE BENTLEYS«

»ICH FAHRE BENTLEYS« – DIE FAHRZEUGE VON RON WOOD (*01.06.1947)

(LOTUS SEVEN S3, BENTLEYS, ROLLS-ROYCE, BMW, PORSCHE, MERCEDES B-KLASSE)

Am 1. Mai 1975 kündigten die Rolling Stones ihre USA-Tournee mit dem Titel »Tour of the Americas« an. Sie wählten dafür einen ungewöhnlichen Ort und ein ebensolches Fahrzeug – sie fuhren auf der Ladefläche eines Lkw auf der 5th Avenue durch New York City. Erstmals Teil der Gruppe war dabei auch Ron Wood. Es war sozusagen sein mobiler Einstieg in die Band. Nach ausführlichen Proben in Newburgh (New York), Montauk (Long Island) und Baton Rouge (Louisiana) war der neue Gitarrist gut genug vorbereitet, um am 1. Juni erstmals mit den Stones öffentlich aufzutreten, an seinem 28. Geburtstag. Das Konzert an der Louisiana State University markierte damit den Beginn seiner inzwischen über 50-jährigen Mitgliedschaft bei der Band. Der Anfang dieser Beziehung verlief äußerst holprig, und fast wäre es auch gar nicht dazu gekommen. Am Beginn von Woods (auto)mobiler Karriere standen kein Lkw, sondern Fahrräder, eine Schubkarre und das Trauma eines Unfalls, das ihn bis heute nicht loslässt.

»SAUFEN WAR IN MEINER KINDHEIT GANZ NORMAL. ALLE HABEN GESOFFEN UND GERAUCHT. SO SIND WIR GROSS GEWORDEN.«
– RON WOOD

Ronald David Wood wurde am 1. Juni 1947 in Hillingdon in West London in eine Familie hineingeboren, die Kanalschiffe betrieb und auf den Kanälen durch die Stadt fuhr. Später erzählte er, dass er zur ersten Generation der Familie zählte, die an Land geboren wurde. Seine Eltern, Arthur und Mercy Leah Elizabeth, kamen auf Kähnen im Paddington Basin in West London zur Welt und lebten zuvor überwiegend auf dem Wasser. Dem »Spiegel« sagte er im Dezember 2019: »Meine Familie hat auf einem Schleppkahn gelebt, meine Eltern arbeiteten als Binnenschiffer und schipperten auf Kanälen zwischen London, Stratford-upon-Avon und Manchester.«

Ron und seine zwei Brüder Art und Ted wuchsen in der 8 Whitethorn Avenue in Yiewsley auf, rund 28 Kilometer

Der kleine Ronnie mit seiner Mutter Mercy Leah Elizabeth Wood.

westlich vom Londoner Zentrum. »Es war nachts sehr leise, denn es gab dort nicht viele Autos«, schrieb Wood in seiner Autobiografie. Die Familie war musikalisch, so Wood: »Wir sind von der Abstammung Roma. Gypsy-Blut passt temperamentmäßig perfekt zum Rock'n'Roll. Bei uns zu Hause wurde immer viel gefeiert, obwohl wir arm waren. Mein Dad spielte Mundharmonika und Piano.« Der Exzentriker leitete sogar ein 40-Mann-Orchester von Mundharmonika-Spielern – plus einem Schlagzeuger. Den Sohn nahm er immer mal wieder auf der Querstange seines Fahrrads mit. Zumeist ging er jedoch zu Fuß, aber es war unklar, ob er es schaffte, so nach Hause zu kommen. »Bei meinem Vater wussten wir nie, in welchem Garten er diesmal wieder aufwacht«, so Wood in der Dokumentation »Somebody Up There Likes Me« von Mike Figgis aus dem Jahr 2019. »Saufen war in meiner Kindheit ganz normal. Alle haben gesoffen und geraucht. So sind wir groß geworden.«

Als kleiner Junge probierte sich Ron Wood in verschiedenen Jobs aus. Bei einem davon trat er selbst in die Pedale

Die Jeff Beck Group 1968: Rod Stewart, Ron Wood, Mickey Waller und Jeff Beck.

und lieferte auf einem Fahrrad für einen Schlachter Fleisch aus. Da der Drahtesel nicht gerade neu war und er das Fleisch vorne in einem unterdimensionierten Korb transportierte, fiel er manchmal hin und sammelte daraufhin Kies und Schotter aus der Lieferung. Aber der Fahrradlieferservice brachte auch Vorteile mit sich. So konnte er immer mal wieder bei einem Mädchen vorbeiradeln, das er mochte, und wie zufällig vor ihr auf die Straße fallen. Großer Erfolg war ihm damit allerdings nicht beschieden, genauso wie Ende der 60er-Jahre mit seinem ersten Sportwagen. Dazu später mehr.

LEAVING HERE

Wood besuchte im Laufe der Jahre die St Stephen's Infant School, die St Matthew's Church of England Primary School sowie die St Martin's C of E Secondary Modern School in Draydon. Früh versuchte er sich als Musiker – auf einem Waschbrett. 1956 reichte es damit zu Auftritten in der Band seines Bruders Ted »The Original London Skiffle Group«, aber irgendwann war er das Instrument leid und schwenkte um. Er probierte sich am Schlagzeug aus, versuchte mal Tenor- und Altsaxophon. Schließlich war es die Gitarre, die ihm seine

Brüder schenkten, die ihm am meisten zusagte. Etwa vier oder fünf Jahre später kaufte er sich in Franklins Music Store seine erste neue Gitarre auf Kredit – für den seine Eltern unterschrieben. Die 25 Pfund stotterte er lange ab. Der Wunsch in einer Band zu spielen, schloss sich unmittelbar danach an, zumal sein Bruder bei Alexis Korners »Blues Incorporated« mitwirkte – mit Charlie Watts am Schlagzeug und gelegentlich auch Mick Jagger am Mikrofon. Der Ealing Club war also nicht nur die Keimzelle der Stones, sondern auch die der Woods. Ron Wood, der schon immer ein Talent für das Zeichnen und Malen hatte, besuchte das Ealing Art College, wohin er mit dem Zug fuhr. Er war damals schon ein Stones Fan, wie er später gestand: »Schon als ich im College war, wollte ich in der Band sein. Ich rannte von der Schule nach Hause, um die Stones im Fernsehen zu sehen.«

1960 gründete er gemeinsam mit Freunden die erste Band, spielte Gitarre, Mundharmonika und sang. Seine Kollegen und Freunde Ali McKenzie (Gesang, Mundharmonika), Tony Munroe (Gitarre, Gesang) und Kim Gardner (Bass, Gesang) kamen alle aus der Nachbarschaft. Sie nannten sich »The Thunderbirds« nach dem Song »Jaguar & Thunderbird« von Chuck Berry. Der Text beginnt mit den Zeilen:

Slow down, little Jaguar
Keep cool, little Thunderbird Ford.

Das Stück spielten später auch die Rolling Stones, wenn auch nicht sehr häufig. Ron Woods neu formierte Band, zu der noch der Schlagzeuger Bob Langham stieß, übte in Garagen und durfte schließlich im Schaufenster eines Plattenladens auftreten. Ihr Equipment schoben und zogen die »Thunderbirds« auf einer Schubkarre mit dicken Gummireifen die High Street in Yiewsley entlang und wichen auf der mehr als 1,1 Kilometer langen Strecke Autos und Bussen aus. Nicht verwunderlich, dass die ungewöhnliche Transportmethode auch Probleme mit sich brachte, so Wood: »Um zur Tavistock Road zu kommen, mussten wir über eine Brücke, auf der die Karre umfiel. Unsere Verstärker und Teile des Schlagzeugs rollten auf die Straße.« Ein Auto hatte zunächst keiner der Musiker, aber viel Enthusiasmus. Der führte dazu, dass der amerikanische Sänger und Pianist Memphis Slim sie als Band für Auftritte engagierte, als dieser Anfang der 60er-Jahre in England spielte. Später wurden sie auch von dem US-Musiker Gene Vincent angeheuert, der mit dem Song »Be-Bop-A-Lula« einen Riesenerfolg feierte. Über diese auch gefährliche Partnerschaft sagte Wood zu Regisseur Mike Figgis: »Du weißt ja, dass immer der Musiker den Job in der Band kriegt, der einen Van hat. Mich nahmen sie damals, weil ich einen Mini-Bus hatte und diese ersten Rocker herumfuhr. Erst ab da, und weil ich als verlässlich galt, bekam ich den Job bei Gene Vincent. Ich musste eine Waffe tragen, weil es immer mal Ärger mit Raufbolden gab. Einmal kam ich mit Gene aus einer Bar in Rotherham, ging zu meinem alten 57er Chevy und schon fingen ein paar Typen mit Sticheleien an. Ich erzählte ihnen von ›meinem kleinen Freund‹, zeigte ihnen die Waffe im Schulterhalfter, und die sind sofort stiften gegangen.«

YOU'RE ON MY MIND

Mit dem bereits erwähnten Mädchen wurde es nichts, aber Stephanie de Court wurde zu seiner platonischen Highschool-Romanze. Am 30. Mai 1964 hatten die »Thunderbirds« einen Auftritt, den Stephanie und zwei Freundinnen besuchen wollten, doch das Trio tauchte nie auf. Am 1. Juni 1964, ausgerechnet an seinem 17. Geburtstag, erfuhr Wood die schreckliche Nachricht. Auf der Fahrt durch Henley-on-Thames kollidierten die jungen Frauen in ihrem Mini mit einem entgegenkommenden Auto und starben. Verursacher war ein Pilot, der gerade aus Heathrow kam und betrunken war. Da ihre Eltern Wood ablehnten, durfte er nicht zu Stephanies Beerdigung kommen. Seine Reaktion: Er betrank sich. Tage später besuchte er den Unfallort und das Grab. »Ich musste dorthin und mir die Reifenspuren ansehen. Dieses Mädchen war meine erste große Liebe«, so Wood. Fortan wurde der Alkohol sein Begleiter.

Schon im August 1964 wurde Wood zum Rolling-Stones-Fan, hier 1977 mit Mick Jagger auf der Fahrt zu einer Party von Jack Nicholson.

Außerdem gingen ihm die Rolling Stones nicht mehr aus dem Kopf. Die Band spielte beim Fourth National Jazz And Blues Festival, das vom 7. bis zum 9. August in Richmond, Surrey, stattfand. »Ich war von ihrem Auftritt so gefangen genommen, dass ich mir dachte, dass ich eines Tages Teil der Band sein werde«, so Wood. »Ich ging als Letzter aus dem Zelt heraus und stieß mit meinem Bein mit voller Wucht gegen einen der Heringe. Das tat richtig weh, aber ich dachte nicht an die Schmerzen. Ich dachte nur: Das ist meine Band.« Aber die Realität war zunächst, ein Teil der »Thunderbirds« zu sein.

In einer Zeit, in der die Musikszene in England permanent umfangreicher wurde und ständig neue Gruppen erschienen, übernahm ein gebürtiger Ost-Londoner, der sich Leo de Clerck nannte, das Management der Band, die sich fortan »The Birds« nannte. Die Gruppe »Chris Farelowe and the Thunderbirds« waren gegen die »Thunderbirds« vorgegangen. Leo versprach einen Van, der sich nach Angaben von Wood angeblich als »alter blauer Ford Transit« entpuppte, doch der Mann irrt. Tatsächlich war es ein gebrauchter hellblauer Commer Van – der Transit kam später. Die »Birds« veröffentlichten drei Singles, die jedoch keinen großen Erfolg erzielten. Die erste war »You're On My Mind«, die am 22. November 1964 erschien.

Das Leben auf der Straße und mit dem »Manager« war auch kein Genuss, denn der bezahlte schlecht und immer weniger. Das Tourleben unter der rigorosen Art von Leos Kumpel Colin Farrell beschrieb Wood einmal so: »Während Colin fuhr, waren wir alle mit dem Equipment hinten zusammengepfercht. Um bis nach Manchester zu kommen, benötigten wir fünf Stunden. Wir legten Kissen auf die Verstärker und versuchten zu schlafen, aber die rutschten immer wieder herunter und landeten auf dem Fußboden. Wir kamen in den Norden, krabbelten aus dem Ford, furzten, stanken und Colin befahl uns, was wir zu tun hatten. Es war schrecklich.« Nach den Erinnerungen von Bandmitglied und Sänger Ali McKenzie war das Ganze noch viel schlimmer: »Wir lebten fünf Tage pro Woche in diesem verdammten Van. Bed and Breakfast – half a crown. Alle fünf von uns im selben Bett und dasselbe Bettzeug, nachdem wir die ganze Nacht gefahren waren, um zu dem Ort zu kommen, wo wir hinmussten. Es war okay, wenn wir in der Nachbarschaft auftraten, aber es wurde ein bisschen unangenehm, wenn wir weit fahren mussten – und wir fuhren die meiste Zeit sehr weit. Zur damaligen Zeit gab es nur eine Autobahn, die M1. Wenn wir zum Beispiel einen Auftritt in Südwales hatten, mussten wir einmal komplett um Ross-On-Wye herum. Es dauerte ewig, um dorthin zu kommen. Sechs, sieben, acht Stunden, manchmal auch länger. Dann bekamen wir 20 Pfund Gage und mussten den ganzen Weg wieder zurückfahren. Eine Panne

und wir verbrachten die Nacht im Van und wären fast erfroren.«
Hinzu kamen Zeitdruck und der Verzicht auf Pausen, so Ali McKenzie: »Wir mussten in dem verdammten Van leben, kacken und pinkeln. Wir machten ein Loch in den Boden, sodass wir dadurch pissen konnten. Es hieß immer: Wir können jetzt nicht anhalten. Wir haben noch so lange zu fahren, pisse durch das Loch. Der ganze Van war mit Lippenstift verziert, wo die Mädchen, Botschaften und Nachrichten hinterließen oder ihre und unseren Namen in die Farbe hinein kratzten.«
Nach Aussagen von Konzertbesucher Lindsay Wagner, der an der Tankstelle jobbte, wo sie häufig tankten, bot die Band ein gruseliges Bild: »Es war ein wirklich ekelhafter Van, komplett zugeschmiert mit Graffiti. Und wenn ich in die Kabine guckte, sah ich nur viele, viele lange Haare und zwei oder drei Paare von blutunterlaufenen Augen, die mich anstarrten.«

»DER GANZE VAN WAR MIT LIPPENSTIFT VERZIERT, WO DIE MÄDCHEN, BOTSCHAFTEN UND NACHRICHTEN HINTERLIESSEN ODER IHRE UND UNSEREN NAMEN IN DIE FARBE HINEIN KRATZTEN.«
– ALI MCKENZIE, SÄNGER DER BIRDS

LET ME LOVE YOU

In dem Pub »Intrepid Fox« in der Londoner Wardour Street traf Wood 1965 das erste Mal auf Rod Stewart. Die beiden Musiker verstanden sich auf Anhieb und sind bis heute sehr gute Freunde. Mehrere Monate später rief plötzlich Mick Jagger an und fragte Wood, ob er bei der Aufnahme einer Platte mitspielen wolle, die er produzierte. Als der Stones-Mann auch noch erklärte, dass »Rod Stewart dich mag«, gab es für Wood keine Bedenken mehr, zumal dieser auch mitsang. Das Ergebnis war ein Duett mit der schwarzen Sängerin PP Arnold, die als Patricia Cole anfing. Gemeinsam sangen sie »Come Home Baby«, während Wood Gitarre spielte. Aber aufgrund finanzieller Probleme des Labels Immediate Records wurde das Stück erst 1975 veröffentlicht. In dem Jahr wurde ihm bereits ein Plastikplättchen in die Nase eingesetzt, da seine Sucht nach Kokain ihm die Scheidewand weggeätzt hatte.

Ein erster Kontakt zu den Stones bestand also schon seit 1965, denn die Aufnahmen mit Arnold waren in den Olympic Studios, dort wo viele Stones-Alben produziert wurden. Einen ersten Kontakt zu Keith Richards gab es auch: Wood schüttete ihm unglücklicherweise einen Drink über das Hemd. Beide lachten.

Im Jahr 1966 wurden die »Birds« von einem neuen Management-Team betreut. So kam auch das andere Auto ins Spiel, der bereits erwähnte Ford Transit, doch die Geschäfte der Verantwortlichen waren sehr zwielichtig, und so löste sich die Band noch im selben Jahr auf. Der Ford Transit blieb in der Musikszene. Manager Robert Stigwood kaufte ihn und gab ihn an eine andere Band weiter, die er betreute: die Bee Gees.

Ron Wood und Jim Gardner spielten bis Ende des Jahres in der Blues-Band »Santa Barbara Machine Head«, aber im Januar/Februar 1967 wechselte Wood schon zur Jeff Beck Group, auch weil er es genoss, mit Beck in dessen Corvette Stingray und dröhnender Musik durch London zu rasen – auch wenn dessen riesiger afghanischer Windhund immer mitfuhr. Aus dem Lead-Gitarristen wurde ein Bassist – wenn auch nur dank nicht gerade ehrlicher Umstände.

Charlie Watts und Keith Richards bei Ron Woods Hochzeit mit Josephine Karslake am 2. Januar 1985.

Ron Wood und Rod Stewart sind seit 1964 enge Freunde.

Tatsächlich klaute Wood die Gitarre aus dem Laden Sound City in der Wardour Street, weil er sie sich nicht leisten konnte. Ein paar Jahre später kam er reumütig zurück und bezahlte sie. Rod Stewart war übrigens auch Teil der Jeff Beck Group. Außerdem war Wood Background-Musiker bei dem Stück »Fire« von der Band »The Crazy World of Arthur Brown«. Der Song erreichte Platz 1 in Großbritannien.

AROUND AND AROUND

ood und seine Freundin, das Model Krissy Findlay, bezogen eine Wohnung in der Lower Sloane Street in London, wobei sie überwiegend für die Kosten aufkam. Von April bis Juni 1968 machte Jeff Beck gar nichts, also schloss sich Wood mit dem früheren »Birds«-Mitglied Kim Gardner der Band »The Creation« an, was zu ungeahnten Einnahmen führte, denn dadurch, dass die Band in Deutschland angesiedelt war, fielen keine britischen Steuern an. Im Mai 1968 war die Gruppe in Deutschland auf Tour. Sie brachte sechs Singles heraus, die nur dort veröffentlicht wurden. Der neue Geldsegen brachte Kim Gardner einen neuen Jaguar ein und Ron Wood, außer weniger Geldsorgen, erste Erfahrungen am Steuer eines Autos. »Ron war gerade dabei, das Autofahren zu lernen«, so Gardner, »also gab ich ihm meinen Jaguar zum Üben, aber er hatte Acid genommen. Er fuhr, war auf einem Trip, und plötzlich konnte er das Lenkrad nicht mehr finden. Er wollte an diesem Lkw vorbeifahren, ich sah diese roten Blitze und er sagte: ›Wo ist das verdammte Lenkrad‹? Er konnte nicht mehr fahren, lachte nur noch und der Lkw kam immer näher. Er schnitt ihn, fuhr direkt davor, der Laster berührte den Jaguar, wir drehten uns wie ein Kreisel und schrien nur noch.« So endete die Fahrstunde. Das Auto war hin.

Wood genoss es, mit Jeff Beck in dessen Corvette Stingray durch London zu rasen. Das Bild zeigt Beck 1989 mit einer Corvette C1.

Auch die Band war kurzlebig. Ab Juni 1968 spielte Wood wieder bei Jeff Beck und ging mit ihm auf US-Tournee. Immerhin drei Singles hatte die Jeff Beck Group in den britischen Charts, aber nach einer weiteren US-Tournee im Juli 1969, und ausgerechnet am Vorabend des Woodstock Festivals, am 14. August, löste er die Gruppe auf. Wood bedauerte es sehr, dass die Band dort nicht antrat.

Die gemeinsame Arbeit und Freundschaft mit Rod Stewart brachte Wood auch dazu, sich für Autos zu interessieren. Stewart mochte Sportwagen und gab freimütig zu, nur Musik zu machen, um sich einen Austin Healey Sprite, das bekannte »Froschauge«, zu kaufen. Außerdem genoss er es, dass er mit Sportwagen Erfolg bei Frauen hatte. Mitte und Ende der 60er-Jahre fuhr Stewart zunächst einen gelben Triumph Spitfire, danach (den ersten von zwei) Marcos. Der erste war ein Marcos 1800 GT mit Volvo Motor und 97,8 PS, der zweite ein Marcos GT mit kräftigerem Ford Essex 3,0-Liter-V6-Motor und 140 PS. Die Sportwagen entstanden im englischen Luton. Deren Name geht auf die beiden Firmengründer Jeremy Marsh und Frank Costin zurück. Im Laufe des Jahres 1969 bestand Wood den Führerschein und leistete sich »einen gebrauchten Mercedes«, mit dem er Krissy erfreute. Ein Marcos kam für ihn nicht infrage, aber Ende des Jahres kaufte er sich auch ein englisches Spaßmobil – wenn auch nicht ohne Hintergedanken.

Er schaffte sich ein besonderes Auto an, um nicht nur sich selbst zu erfreuen, sondern auch einer (anderen) Frau ein spezielles Weihnachtsgeschenk zu machen. Am 22. Dezember 1969 kaufte er einen gebrauchten Lotus Seven S3 in einer besonderen Farbe: Tangerine – eine seltene Lackierung, die auch Porsche im Angebot hatte. Der Wagen, von dem es 1968 und 1969 nur 324 Stück gab (andere Quellen: 340), war mit einem 1599-ccm-Kent-Crossflow-Motor von Ford ausgestattet, der 84 PS leistete. Das Auto wog nur 550 Kilogramm und sprintete in 7,7 Sekunden auf 96,6 km/h. Unterlagen beweisen, dass Ronald David Wood, so der Eintrag im Kfz-Brief, damals an der Adresse Flat 4, 83 Lower Sloane Street in London lebte. Die ursprüngliche Idee, eine Frau damit zu erfreuen, ging jedoch gründlich schief, denn sie stellte sich nach seiner Aussage als »furchtbar« heraus. Den Wagen schenkte er ihr nicht. Tatsächlich war er so frustriert, dass er selbst kein Interesse mehr an dem Renner hatte. Schon im April 1970 inserierte er ihn im »Evening Standard«. Als potenzieller Käufer meldete sich ein Mann namens Bob Richardson. Er erwarb ihn für 750 Pfund und hat ihn immer noch.

NEXT IN LINE

Die Auflösung der Jeff Beck Group vollzog sich in mehreren Abschnitten. Zwar holte der Bandleader Wood für eine USA-Tournee nochmals zurück und bezahlte ihm sogar unglaubliche 2.000 Dollar pro Woche, doch ausbleibende Charterfolge führten trotz einer Neuformation zum endgültigen Ende der Band im Juli 1972. Wood stand aber nicht ohne eine Gruppe da. Schon im Juni 1969 wurde er Mitglied der »Small Faces« und im Oktober kam auch Rod Stewart noch dazu. Das dynamische Duo war wieder vereint. Es hatte schon während der beiden USA-Tourneen mit Beck ein Zimmer geteilt, was Wood als »fun« bezeichnete. Ebenfalls im Juni wurde Brian Jones von den Rolling Stones gefeuert, was Jagger und Richards veranlasste nach einem Ersatz zu suchen. Auf einer Liste von Musikern, die dafür in Betracht kamen, stand auch Ron Wood. »Ich war an einem Nachmittag gerade bei meiner Mutter«, so Wood, »als scheinbar Mick Jagger anrief

Wood, damals noch Gitarrist der Faces, mit seiner Frau Krissy am 10. November 1973 in London.

Am 22. Dezember 1969 kaufte Wood einen gebrauchten Lotus Seven S3 als Weihnachtsgeschenk für eine Frau, die sich dann jedoch als »furchtbar« herausstellte.

und mich fragte, was ich so mache. Ich dachte, es war ein Trick, ein Betrüger, der sich als Jagger ausgab, was zu der Zeit durchaus verbreitet war. Also sagte ich, dass ich genug zu tun habe. Er antwortete: ›Okay, wir sehen uns‹. Ich hatte keine Ahnung, dass es Mick selbst war und er auf diese Art die Stones managte. Er war es tatsächlich.«

Eine verpasste Chance, aber immerhin konnten Krissy Findlay und er dank steigender Einnahmen aus den Touren in eine größere Wohnung im Appartement-Haus Ravenscourt in Kingston Hill in der Grafschaft Surrey ziehen, etwa 20 Kilometer südwestlich von London. Wood gelang es, dafür eine günstige Hypothek aufzunehmen. Eines Tages im Jahr 1969 kam er auch mit einem (gebrauchten) Bentley nach Hause, der Krissy den Atem verschlägt: »So ein wundervoller Wagen.«

Aus den »Small Faces« wurden die »Faces« und die tourten von Anfang bis Mitte der 70er-Jahre durch Großbritannien, Europa und die USA. Dank des Erfolgs von Rod Stewarts drittem Solo-Album »Every Pictures Tells a Story«, ab Mai 1971, und vor allem der Single »Maggie May«, ab Juli, kaufte

Ron Wood (links) von den Faces und Keith Richards von den Rolling Stones bei einem Empfang für den Produzenten Phil Spector am 4. Oktober 1974.

sich Rod Stewart seinen ersten Lamborghini Miura – und Wood den ersten neuen Bentley und ein Haus. Bei der Aufnahme spielte Wood E-Gitarre und E-Bass.

Den Album-Titel schrieb er zusammen mit Stewart. Für das im März 1973 erschienene letzte Studio-Album der Faces mit dem Titel »Ooh La La«, war auch das Stück »It's Only Rock'n'Roll, But I like It« geplant, schaffte es aber nicht auf die LP. Mick Jagger mochte den Song so sehr, dass er Wood fragte, ob er ihn für die Stones haben könne. Der sagte zu und bekam dafür den Song »Black Limousine«. Eine Zeitlang waren die Faces die zweiterfolgreichste Band in England – nach den Rolling Stones, und beinahe wäre Ron Wood zu dieser Zeit in die erfolgreichste Band gewechselt, aber der Zufall war erneut dagegen.

LIKE A ROLLING STONE

»Ich spielte damals mit Rod Stewart bei den Faces«, so Ron Wood im Dezember 2019 im »Spiegel«. »Jagger rief an und wollte mich abwerben. Aber unser Bassist Ronnie Lane ging ran und gab Mick eine Abfuhr, ohne mich zu fragen: ›Wood fühlt sich bei uns sehr wohl, danke‹. Das war´s, die Stones engagierten Mick Taylor. Ich erfuhr erst fünf Jahre später davon. Dabei war ich immer Stones-Fan gewesen. Bei ihnen später aufgenommen zu werden, war eine große Sache. Am stolzesten war mein Dad. Er nannte mich fortan nur noch ›Ron Wood von den Rolling Stones´.«

Trotz dieses Missverständnisses blieb der gute Kontakt zu den Stones erhalten.

Während einer der USA-Tourneen feierten die Faces mit den Stones im Beverley Wiltshire Hotel – und Keith Moon von »The Who« fuhr, verrückt, wie er war, mit seinem Jeep durch die Glasfensterfront in die Lobby bis zur Rezeption. Dort bat er um seinen Zimmerschlüssel. Auch Wood schlug über die Stränge, »verzierte« die Zimmerwände eines Holiday Inns mit (zum Teil unanständigen) Zeichnungen, bekam Hausverbot und versuchte bei der Reservierung in anderen Städten, als »The Grateful Dead« oder »Fleetwood Mac« angenommen zu werden – was nicht immer klappte.

Wie es der Zufall will, kam es auch am 5. Juli 1969, an dem Tag, an dem die Stones im Londoner Hyde Park ein Gedenkkonzert für den verstorbenen Brian Jones gaben, zu einem Zusammentreffen zwischen Ron Wood und zwei Stones. Zu Fuß auf dem Weg zum Konzert hielt plötzlich ein Mini neben Wood an. Durch das offene Fenster hörte er die Worte: »Hey, Ronnie«! Wie sich herausstellte, waren Charlie Watts und Mick Jagger im Wagen und erkundigten sich nach seinem Befinden.

Nachdem er das ehemalige Haus des englischen Schauspielers John Mills mit dem Namen »The Wick« gekauft hatte, wohnte Keith Richards vier Monate lang bei ihm – ein weiteres Indiz für die gute Beziehung zwischen den Stones und Ron Wood. Als Mick Taylor Ende des Jahres 1974 verkündete, dass er die Band verlassen würde, war der Weg endlich frei. Da die Band im November in den Musicland Studios in München an dem 13. Studioalbum mit dem Titel »Black and Blue« arbeitete und Taylor aufgrund einer »mysteriösen Krankheit«, so Bill Wyman, nicht mehr zur Verfügung stand, fragte Mick Jagger bei Ron Wood an, ob er nochmals aushelfen könnte. Der war zwar gerade mit den Faces in LA und auch noch erkältet, doch das hielt ihn nicht ab: »Ich fühlte mich geehrt und flog hin«, so Wood im »Spiegel«. »›Hey Negrita‹ war mein erster eigener Song, den ich für die Stones schrieb. Ich erinnere mich gut an die wilden Zeiten in München. Keith und ich hingen oft in diesem Rockschuppen ab, dem ›Sugar Shack‹.«

HAND OF FATE

Im Nachhinein nennt Wood die Bands, bei denen er mitgewirkt hat, »Sprungbretter«. Sein großes Interesse daran, Musik zu machen, beschrieb er einmal so: »Meine einzige Sorge war immer, dass ich genug Geld hatte, um meine Miete für die nächsten sechs Monate zu bezahlen und vielleicht etwas übrighatte, um mir einen billigen Bentley zu kaufen.« In seiner Autobiografie heißt es weiter: »Ich hatte immer nur Bentleys«. Er wusste natürlich auch von der Bentley-Leidenschaft von Keith Richards. Während der Proben der Stones im amerikanischen Montauk im Frühjahr 1975 bekam Wood von Jagger einen Vertrag ausgehändigt, den er unterschrieb. Mit seinem Einstieg stieg auch der Luxus. Zum Tourflugzeug, einer Boeing 720, die den Namen »Starship« trug und mit Schlafzimmern, Duschen, Lounges, einer Bibliothek und einer Bar mit Orgel ausgestattet war, kam an jedem Flughafen eine Flotte von Limousinen nebst Polizeieskorte. Auch eine große Entourage, die sich um alles kümmerte, war Teil dieser und aller weiteren Tourneen. Aber auch dieser vermeintliche Vorteil war nicht frei von Dramen. So geschehen im Sommer 1975. Während des Flugs ab Washington D.C. wurde das Flugzeug von heftigen Turbulenzen erfasst. Nach der glücklichen Landung in Memphis beschlossen Keith Richards und er, nach Dallas zu fahren. Zwei weitere Teammitglieder waren mit dabei. Sie nutzten dafür einen gemieteten leuchtend gelben Chevrolet Impala. Die Strecke umfasste nur knapp 650 Kilometer und sie hatten zwischen dem 4. und 6. Juli zwei Tage Zeit, theoretisch also eine einfache Sache. Doch Keith saß am Steuer und unterwegs kaufte Ron Wood kleine Bourbon Flaschen, die sich mit der Zeit auf der hinteren Sitzbank und im Kofferraum stapelten. Da Marihuana und Kokain, die in der Türverkleidung des Wagens mitreisten, auch nicht zu einem effektiven Vorankommen beitrugen, fuhr Richards nicht nur sehr langsam, sondern zum Teil auch Schlangenlinien. Das führte dazu, dass andere Verkehrsteilnehmer die Polizei riefen und das Quartett am 5. Juli in Fordyce, Arkansas, verhaftet und zum Parkhaus des Rathauses geleitet wurde. Der Wagen wurde beschlagnahmt und durchsucht. Da es dauerte, bis ihr Anwalt Bill Carter angereist kam, vertrieb sich Wood die Zeit mit einem geliehenen Fahrrad. Es wurde ihm erlaubt, auf den Fluren des Gebäudes zu fahren. Als Carter ankam, erreichte er zunächst, dass das Quartett seine persönlichen Sachen aus dem Chevrolet holen durfte. Dabei wendete Wood nach eigener Aussage mit seiner Hand einen »schnellen Taschenspielertrick an«, und ließ seinen Stoff dank seiner flinken Hände verschwinden. Wood kam davon, aber der mitgereiste Drogenlieferant Freddie Sessler wurde anhand seiner Pillen überführt und musste eine hohe Strafe bezahlen. Zwar fand die Polizei noch Indizien hinter der Rückbank des

»ICH FÜHLE MICH IMMER NOCH WIE 29. VIELLEICHT SOLLTE ICH MICH MEINEM ALTER ENTSPRECHEND VERHALTEN, ABER ICH KANN ES EINFACH NICHT.«

– RONNIE WOOD

Wood im Juli 1974 in seinem Haus Namens »The Wick«, das er vom englischen Schauspielers John Mills gekauft hatte.

Chevrolets, aber dadurch, dass es ein Leihwagen war, war nicht zu beweisen, dass die dort deponierten Drogen den vier Reisenden gehörten. Letztendlich wurde Richards aufgrund von »rücksichtslosem Fahren« verurteilt, musste sein Messer abgeben und 162,50 Dollar Strafe bezahlen. Nach einer Pressekonferenz bestiegen die vier Ausflügler eine bereitgestellte Cessna. Sie kamen rechtzeitig in Memphis an.

COMPLICATED

In den folgenden Jahren widerfuhren Wood sowohl skurrile, schöne als auch schlimme Dinge in Bezug auf seine Automobilität. So lernt er z.B. im September 1977 auf einer Party in Hampstead Jo Karslake kennen, die als Model arbeitete, ihm aber erzählte, dass sie bei Woolworth an der Londoner Oxford Street angestellt ist. Schockverliebt versuchte er, sie dort aufzuspüren, traf sie aber nicht an und wartete mit seinem Fahrer Frank Foy in seinem Bentley den ganzen Tag vor dem Geschäft. Doch ihre Erzählung war komplett erfunden. Schließlich entdeckte er sie am Ort des Party-Gastgebers wieder, als sie gerade in ihrem orangefarbenen VW Käfer vorfuhr. Seine Hartnäckigkeit zahlte sich aus, denn Jo wurde am 2. Januar 1985 seine zweite Frau. Allerdings wurde die Hochzeit in Denham zur Mutprobe für Woods Sucht. Direkt nach der Trauung setzte sich Keith Richards zu den Neuvermählten in den weißen Rolls-Royce, nahm »eine Nase« und reichte den Stoff an das Ehepaar weiter – als »Toast auf die Hochzeit«. Jo erzählte später eine weitere Anekdote, die nicht gerade gegenseitigen Respekt

Ronnie Wood, Keith Richards und Mick Jagger bei einem Auftritt in New York im Mai 1978.

versprach: »Nach der Hochzeit kam er betrunken aus einem Pub und gab mir die Schlüssel zu einem Lada. Ich war wütend.« Den 1988er Lada Riva mochte sie gar nicht. Das Geschenk war wohl als Scherz gemeint.

Jo Karslake war zuvor mit Peter Greene verheiratet, den sie bei einer Modeveranstaltung in Paris kennenlernte und der einen Bentley fuhr. »Ich fühlte mich wie eine Königin in dem Auto«, so Karslake. Selbst fahren durfte sie erstmal nicht, denn sie fiel durch die Führerscheinprüfung. Ihr Mann gab ihr eine Valium-Tablette, um die Nerven zu beruhigen, was sich als Fehler herausstellte. Nachdem es beim zweiten Anlauf klappte, kaufte sie sich einen beigefarbenen Citroën Dyane und danach einen pinkfarbenen Citroën 2CV, die berühmte »Ente«, mit einer Pelzinnenausstattung in Pink. Nach der Trennung ließ sie einen Ford Thunderbird zurück, den er ihr geschenkt hatte, zog zu ihren Eltern nach Essex und schaffte sich den schon erwähnten orangefarbenen Käfer an. Auf den war sie »sehr stolz«. Ihr Vater Michael wurde übrigens als »Mr Lambretta« bekannt, war ein großer Fan und Sammler der deutschen/italienischen Roller und besaß ein Lambretta Museum in Devon. Tochter Jo posierte sporadisch in Anzeigen auf den Rollern. Krissy Findlay, Ron Woods erste Frau und ebenfalls Model, mit der er von 1971 bis 1978 verheiratet war, hatte im letzten Jahr ihrer Ehe einen schweren Unfall. Allerdings fuhr sie nicht selbst, sondern der Musiker Charlie Heckstall-Smith. Der Mercedes SL, den Wood ihr gekauft hatte, krachte in das Schaufenster eines Friseursalons in Richmond, Surrey.

Aus Steuergründen zogen Ron Wood und Jo Karslake Ende der 70er-Jahre in die USA und lebten fünf Jahre in einem Haus im Mandeville Canyon, oberhalb von Brentwood in Los Angeles. Dort schenkte er ihr zu ihrem 26. Geburtstag am 15. März 1981 ein Checker Taxi, das sie »Lily« nannte: »Es war fantastisch, ich habe es geliebt! Es war so groß und ungewöhnlich. Es war eines der letzten Checker-Cabs, die in Kalamazoo, Michigan, gebaut wurden und es kam direkt aus der Fabrik zu mir, ganz weiß, mit Klappsitzen und V8-Motor – es war so ein wunderschönes Auto.« Da Keith Richards in der Nachbarschaft ein Haus gemietet hatte, fuhren sie häufiger dorthin. »Ich bin immer gefahren«, so Jo Wood, »weil Ronnie Autofahren hasste. Wir haben das Radio immer voll aufgedreht. Ronnie hat ständig die Sender gewechselt und nach seinen Songs gesucht. Es hat Spaß gemacht! Wir haben viel getrunken und Joints geraucht. Es war eine verrückte Zeit.«

EMOTIONAL RESCUE

Die Familie, zu der inzwischen zwei Kinder gehörten, entkam dank des aufmerksamen Chauffeurs nur knapp einer großen Feuersbrunst. Wood war high und musste zu seiner Flucht gezwungen werden, doch Frank Foy rettete sie und brachte auch noch ein paar

Die Boeing 720 »The Starship« gehörte Musiker Bobby Sherman und Manager Ward Sylvester – die beiden vermieteten das Flugzeug regelmäßig an tourende Bands.

der Gitarren und Gemälde des Musikers aus dem Haus. Dank viel Glück war Woods Haus das Einzige in der Nachbarschaft, welches das Großfeuer überstand. Woods Sucht führte immer mal wieder zu Problemen, wie er freimütig zugab: »Sobald ich ausging, dachte ich immer, ich hätte alles im Griff, dass ich ohne Probleme ein Glas Wein trinken könne. Blitzschnell war ich immer wieder bei einer ganzen Flasche, dann landete ich beim Wodka.« Zumindest saß er nicht betrunken am Steuer, sondern wurde gefahren.

Später zogen die Woods für fünf Jahre nach New York, »Lily« kam mit, wurde aber kaum benutzt. »Es machte mir wegen der Konkurrenz mit all den anderen Autos nicht so viel Spaß«, so die Eigentümerin. Während dieser Zeit kaufte sich Wood einen linksgelenkten Porsche 911 Turbo (Modell 930) in Indischrot, dem bekannten »Guards Red«, mit beigefarbener Innenausstattung (Kennzeichen: 5NJ 867), den er erst 1987 an einen Bekannten weiterverkaufte. Der Wagen wurde im Januar 2025 im US-Bundesstaat New York über eine Oldtimer-Webseite angeboten und von einem unbekannt gebliebenen Bieter am 27. Januar für 149.500 Dollar erworben. Das Handschuhfach ziert Woods Unterschrift. Fotos von Wood mit dem ersten Käufer waren Teil des Vertrags.

Beim Umzug nach Wimbledon in London kam das Checker-Cab mit, und Jos Bruder Paul, ein Airbrush-Künstler, lackierte es gelb, was sie aber hasste. »Es sah zu kommerziell aus, also ließ ich es von ihm wieder weiß lackieren.«

DRIFT AWAY

Logistik und Aufwand werden immer größer – Flugzeuge und Limousinen dienen bei den Tourneen als Transportmittel.

Zwei Jahre später überlebte die Familie einen schweren Autounfall. Am 1. November 1990 starb Jos Vater Michael. Am Abend der Rückfahrt von der Beerdigung, am 12. November, fuhr Jo Wood und kam in ihrem BMW rund 80 Kilometer westlich von London nahe Newbury auf einer Ölspur ins Schlingern. Das Auto drehte sich, rutschte auf den Kies und kam erst auf der Überholspur zum Stehen. »Andere Autos überholten uns, und ich hatte Angst, dass sie in uns hineinkrachen würden«, so Wood. »Ich machte etwas unglaublich Dummes, stieg aus und warnte herannahende Autos davor, dass wir ein Problem hatten. In dem Moment kam ein Wagen auf uns zu. Ich sah die Scheinwerfer und sprang über die Haube unseres Autos. Der Andere wich aus, traf einen weiteren Wagen und knallte zurück in unseren und erwischte meine Knöchel. Die Kinder bekamen ein paar Schnitte ab. Jo war okay, aber ich wurde in die Gosse geworfen und dachte, dass ich meine Beine verloren hätte.« Tatsächlich krachten zwei weitere Fahrzeuge in den BMW. Im Krankenhaus in Swindon wurde festgestellt, dass sich Wood in einem Bein zwei Knochen gebrochen hatte und in dem anderen einen weiteren. Laut Wood bedeutete das drei Monate Gips. Nach einem Sprecher des Gitarristen war er danach »zu Hause mit

Gipsverbänden und Krücken ausgestattet und fühlte sich gut.« Angeblich tun ihm seine Knöchel heute noch weh.

Noch im selben Jahr reisten die Woods nach Irland, um sich dort ein neues Domizil zu suchen. Die umfangreiche »Steel Wheels / Urban Jungle«-Tour, die in mehreren Teilen von August 1989 bis August 1990 lief, hatte auch ihm einen wahren Geldsegen beschert, aber die Steuerlast war abermals ein Thema. Das gemietete Haus gefiel ihnen so gut, dass sie es schon nach einem Tag kauften. Das Anwesen Sandymount im County Kildare, nahe dem Ort Clane, wurde fortan ihre irische Heimat. Es liegt knapp 40 Kilometer westlich von Dublin. Im Rahmen der Renovierung wurde dort sowohl eine große Garage für seine Fahrzeuge – neben Bentleys auch Rolls-Royce und ein »zwielichtiger aber authentischer« Mercedes – als auch ein Aufnahmestudio gebaut. In dem nahmen die Stones drei Jahre später, von Juli bis Dezember 1993, das 20. Studio-Album »Voodoo Lounge« auf. Darauf ist auch das Stück »Brand New Car«. Nicht mehr neu, aber immer mit dabei war »Lily«, dass inzwischen wieder weiße Checker Taxi. »Ich benutzte es ein wenig, aber ich stellte es in die

Woods Frau Jo fuhr einen beigefarbenen Citroën Dyane (Bild) und danach einen pinkfarbenen Citroën 2CV.

Ron Wood (mit Eimer) und Mick Jagger
bei einem Konzert am 26. Mai 1976 in Earl's Court, London.

Garage und ließ es dort.« Erst im Jahr 2023 fragte sie ihren Ex-Mann, ob sie ihr Auto zurückhaben kann. Der zögerte nicht und willigte sofort ein. Dank eines befreundeten Mechanikers wurde der Wagen überholt und soll demnächst schwarz foliert werden. Die Innenausstattung ist dunkel- und hellblau. »Sie wird toll aussehen«, sagt Jo Wood im Februar 2024. Der Wagen ist gerade mal 30.000 Meilen gelaufen.

Bevor die Band zwei Jahre später Konzerte in Argentinien gab, kam es direkt nach der Landung in Buenos Aires am 9. Februar 1995 zu extrem riskanten Szenen, wie sich Jo Wood erinnerte: »Wir fuhren in den Autos zum Hotel, aber die Fans legten sich auf die Dächer und fassten die Bandmitglieder an. Es war sehr gefährlich. Dann blieben sie jede Nacht die ganze Nacht vor dem Hotel und sangen. Ich habe nirgendwo etwas Vergleichbares erlebt.«

Seit 2010 soll Wood, nach sieben Entziehungskuren, nicht mehr süchtig nach Kokain, Heroin und Alkohol sein. Seine Ehe zerbrach und wurde am 25. Januar 2011 geschieden. Jo behielt u.a. einen mattschwarzen Mercedes SL 55 AMG, den er ihr gekauft hatte. Im Dezember 2021 heiratete er die 31 Jahre jüngere Theaterdirektorin Sally Humphreys. Sie lernten sich kennen, als Wood nahe des Theatre Royal Drury Lane in der Londoner Catherine Street für eine Ausstellung seine Kunstwerke aufhing . Zur Hochzeit im Londoner Dorchester Hotel fuhren sie in einem schwarzen Mercedes vor, Rod Stewart war ihr Trauzeuge.

Wood malt seit vielen Jahren. Eine frühere Ausstellung in Schweden brachte ihm allerdings einmal viel Ärger ein. Als Gage war ein Auto verabredet, aber keine seiner bevorzugten Marken. »Ich fahre Bentleys, aber ich bekam einen Volvo in der Farbe Malve«, so der Musiker. Monate später stand plötzlich die Polizei vor seiner Tür, denn der Volvo war gemietet und gestohlen. Also musste er ihn wieder abgeben und stand ganz ohne

Das Checker Cab Taxi bekam Jo von Ronnie Wood zu ihrem 26. Geburtstag geschenkt. Sie nannte es »Lily«.

Nach der Trennung behielt Jo einen schwarzen Mercedes-Benz SL 55 AMG.

Honorar da. Ärger mit seinem Bentley gab es auch. Beim Besuch einer Filmpremiere mit seinem Freund Vinnie Jones konnte er sich nicht zurückhalten, einen Pappaufsteller mit seinem Konterfei mitzunehmen und im Bentley zu verstauen. Als der Wagen später bei der Premierenparty stand, fiel einem Nachbarn auf, dass ein »toter Körper« im Auto lag und er alarmierte die Polizei. Die untersuchte die Luxuslimousine und gab Entwarnung.

DEPENDING ON YOU

Zurück zum Anfang: Wie berichtet kündigten die Stones am 1. Mai 1975 den Beginn ihrer US-Tournee mit Ron Wood an. Tatsächlich ist es aber interessant, mit dieser Geschichte fünf Tage früher zu beginnen. Am 26. April kamen die Bandmitglieder in New York an und checkten unter falschen Namen in zwei Hotels ein. Mick Jagger und Charlie Watts wohnten im Central Plaza Hotel am Central Park South. Ihre Namen

Jo Wood mochte ihren Mercedes während Ron Wood einen roten Porsche 911 Turbo schätzte.

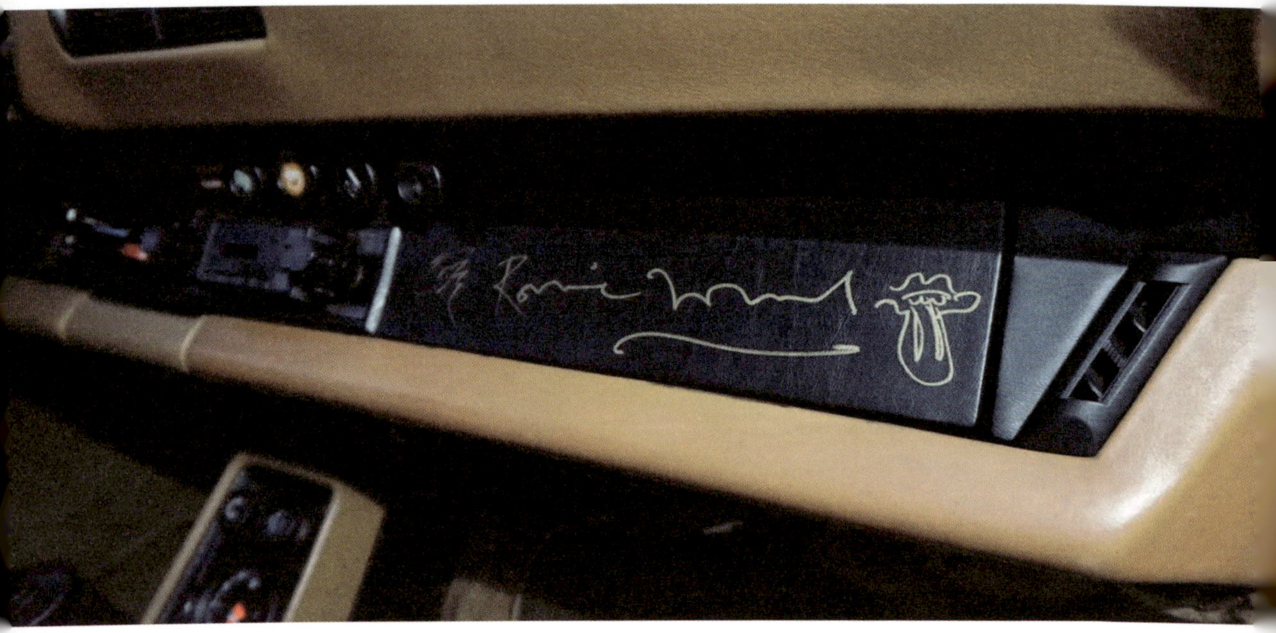

EIN EINZELSTÜCK FÜR RON WOOD »INSPIRED BY MUSIC«

2017 legte Rolls-Royce eine Sonderserie von neun Fahrzeugen des »Wraith« auf, die in Kooperation mit bekannten Musikern unter dem Motto »Inspired By Music« entstanden. Dazu gehörte auch ein Wagen, der in Zusammenarbeit mit Ron Wood entstand. Die Farbe ist »Lyrical Cooper«, zu den Individualisierungen zählen: Sein auf die Kopfstützen genähtes Autogramm und Textpassagen aus dem Song »I Gotta See« von seinem siebten Solo-Album »I Feel Like Playing« aus dem Jahr 2010, die auf die Türflügel graviert wurden. Das Artwork des Albums wurde auch von Wood gestaltet und spiegelt sich in den Stickereien wider, die den »Wasserfall« aus Leder im Fahrzeugfond zieren. Der Verkaufserlös des Wagens wurde zum Teil an wohltätige Organisationen gespendet.

lauteten Michael Benz und Charlie Ford. Keith Richards, Bill Wyman und Wood selbst wohnten im Hotel Pierre an der 5th Avenue unter den Namen Mr Bentley, Bill Austin und Ronnie Morris. Zusätzlich war auch noch der Pianist, Organist und Sänger Billy Preston mit im Team. Er hieß Billy Hillman. Wenn das nichts über die Autoleidenschaft der Musiker sagt…

Und wenn man noch weiter zurückgeht, so z. B. in das Jahr 1964, dann sagt dieses Zitat von Ron Wood über sein Trauma wohl alles: »Erinnerungen zu durchwühlen und zu sehen, wie mich Stephanies Autounfall seit meinem siebzehnten Lebensjahr mit einem Hammerschlag getroffen hat, ist schwer. Das dramatische Gefühl der Leere wurde nur durch Alkohol gelindert.«

8. HIGHEST EARNING / HIGHEST PAID MUSICIANS: THE ROLLING STONES

HIGHEST PAID DEAD CELEBRITIES: CHARLIE WATTS, BRIAN JONES

Quellen: Billboard, Pollstar, The Sunday Times, Forbes

EINKÜNFTE DER ROLLING STONES NACH JAHREN

1990	88 Millionen (weltweit)
1998	57 Millionen (weltweit)
2003	66,5 Millionen (Großbritannien)
2004	51 Millionen (Großbritannien)
2007	110 Millionen (Großbritannien)
2024	2,4 – 2,9 Milliarden Umsatz

Die Rolling Stones sollen in den 2000er-Jahren allein mit Live-Konzerten einen Umsatz von 2,9 Milliarden Dollar erzielt haben.
Die Rolling Stones sollen in den 2010er-Jahren allein mit Live-Konzerten einen Umsatz von 907,6 – 929,1 Millionen Dollar erzielt haben.

Nach dem Billboard Boxscore stehen die Stones auf der Liste der Musiker die im United Kingdom mehr als 100 Millionen Dollar eingespielt haben auf Platz 1 mit zehn Touren vor Bruce Springsteen und den Eagles mit jeweils sieben.

Das geschätzte Vermögen der Rolling Stones soll nach verschiedenen Quellen wie folgt sein (Stand: 2024)

Mick Jagger	500 Millionen US Dollar (2024)
Keith Richards	340 - 600 Millionen US Dollar (2024)
Ron Wood	200 Millionen US Dollar (2024)
Bill Wyman	80 Millionen US Dollar (2024)

Laut der »Sunday Times Rich List« beträgt das Vermögen der Musiker aus dem United Kingdom

Mick Jagger	338 Millionen Pfund (2024)
Keith Richards	322 Millionen Pfund (2024)

Charlie Watts hinterließ nach seinem Tod am 24. August 2021 ein Erbe von 200 – 250 Millionen Dollar
Brian Jones hinterließ nach seinem Tod am 3. Juli 1969 Schulden

9. TIME IS ON MY SIDE – DIE ZEITTAFEL (1936 – 2026)

24.10.1936 William George Perks (später: Bill Wyman) in Lewisham, London geboren
18.07.1938 Ian Stewart (Stu) im schottischen Pittenweem geboren

02.06.1941 Charles Robert (Charlie) Watts in London geboren
28.02.1942 Brian Jones in Cheltenham geboren
28.01.1943 Dick Taylor in Dartford geboren
26.07.1943 Michael Philip (Mick) Jagger in Dartford geboren
18.12.1943 Keith Richards in Dartford geboren
01.06.1947 Ronald (Ron) David Wood in Hillingdon geboren
17.01.1949 Michael Kevin (Mick) Taylor in Welwyn Garden City geboren

09.1950 Jagger und Richards treffen sich erstmals in der Wentworth Primary School
Mitte der 50er Jahre gründen Mick Jagger und Dick Taylor eine Garagen Band

06.1961 Jagger verlässt die Dartford Grammar School
17.10.1961 Jagger und Richards treffen sich auf Bahnsteig 2 in Dartford wieder
Ende 1961 Aus dem Trio wird ein Quintett, Bob Beckwith und Alan Etherington stoßen dazu
Die Band nennt sich: The Blues Boys resp. Little Boy Blue and the Blue Boys
12.07.1962 Erster Auftritt als »the Rollin' Stones« im Londoner »Marquee Club«
10.1962 Dick Taylor verlässt die Stones
07.12.1962 Bill Wyman spielt in einem Pub in Chelsea vor und ersetzt Dick Taylor
14.12.1962 Bill Wyman spielt erneut im Pub vor und wird Teil der Band

12.01.1963 Charlie Watts spielt erstmals öffentlich im Ealing Jazz Club als Drummer, ab dem 2. Februar wird er der Schlagzeuger der Stones
15.01.1963 Auftritt im Ealing Jazz Club in der neuen Besetzung
02.1963 Impresario Giorgio Gomelsky interessiert sich für die Stones und wird ihr erster inoffizieller Manager.
28.04.1963 Andrew Loog Oldham wird der neue Manager
01.05.1963 Ian Stewart tritt nicht mehr mit auf und wird Roadmanager
06.05.1963 Die Stones unterzeichnen einen Management Vertrag mit Andrew Loog Oldham und Eric Easton, der die Buchungen übernimmt
07.06.1963 Die erste Single »Come On« erscheint in GB
09.1963 Oldham drängt die Stones eigene Songs und Texte zu schreiben
29.09.-3.11.63 Erste britische Tournee mit den Everly Brothers, Bo Diddley und Julie Grant - 30 Auftritte in 28 Städten
14.10.1963 Die Stones sehen in Liverpool den James Bond Film »Liebesgrüße aus Moskau«
01.11.1963 Die zweite Single »I Wanna Be Your Man« erscheint in GB

01.01.1964 Erster Auftritt als Band in der BBC-Sendung »Top of the Pops«
06.-27.01.64 Zweite britische Tournee mit 28 Auftritten in 14 Städten
06.02. 07.03.64 Dritte britische Tournee mit 58 Auftritten in 38 Städten
16.04.1964 Das Album »The Rolling Stones« erscheint in England
20.04.1964 Auftritt beim Festival in Montreux
29.05.1964 Die US-Fassung des Albums: »The Rolling Stones - Englands Newest Hit Makers« erscheint in den USA
05.-20.06.1964 Erste USA-Tournee mit 13 Auftritten in neun Städten
10.-11.06.1964 Aufnahmen in den Chess Studios in Chicago, sie treffen ihre Vorbilder Muddy Waters, Chuck Berry und Buddy Guy.
26.06.1964 »It´s All Over Now« wird Platz 1 der UK-Charts, ihr erster Hit
26.06.1964 Die Jagger/Richards Komposition »As Tears Go By«, gesungen von Marianne Faithfull, kommt in Großbritannien heraus
07.1964 Erster Nummer 1 Hit in Großbritannien »It's all over now«
08.1964 William George Perks ändert seinen Namen in Bill Wyman

01.- 22.08.64 Vierte britische Tournee mit 12 Auftritten in 9 Städten
05.09.- 11.10.64 Fünfte britische Tournee mit 64 Auftritten in 32 Städten
17.10.1964 Das Album »12 x 5« erscheint
24.10-15.11.1964 Zweite USA-Tournee mit 14 Auftritten in zwölf Städten
25.10.1964 Erster Auftritt in der Ed Sullivan Show

15.01.1965 Das Album »The Rolling Stones No. 2« erscheint
18.03.1965 Tankstellen Vorfall in Romford
23.04.-29.5.1965 Dritte USA Tournee mit 21 Auftritten in 21 Städten
02.05.1965 Zweiter Auftritt in der Ed Sullivan Show
10.07.1965 Die Single »Satisfaction« erreicht Platz 1 der US-Billboard-Hot 100 und bleibt dort für vier Wochen
30.07.1965 Das Album »Out of Our Heads« erscheint
11.-17.9.1965 Deutschland/Österreich Tour: Konzerte in Münster, Essen, Hamburg, München, West-Berlin, Wien
29.10.-5.12.1965 Vierte USA-Tournee mit 36 Auftritten in 36 Städten

13.02.1966 Dritter Auftritt in der Ed Sullivan Show
15.04.1966 Das Album »Aftermath« erscheint
11.09.1966 Vierter Auftritt in der Ed Sullivan Show

15.01.1967 Fünfter Auftritt in der Ed Sullivan Show
20.01.1967 Das Album »Between the Buttons« erscheint
1967 Allen Klein wird der neue Manager
12.02.1967 Polizei Razzia in »Redlands«, dem Landhaus von Keith Richards
03.1967 Jagger, Richards, Jones und Pallenberg fahren im Bentley nach Marokko
29.3-2.4.67 Konzerte in Bremen, Köln, Dortmund, Hamburg und Wien
27.-29.6.67 Prozess gegen Jagger und Richards wegen Drogenbesitzes in London
03.07.1967 Das Album »Flowers« erscheint, aber nur in den USA
10.05.1967 Hausdurchsuchung bei Brian Jones, Verhaftung wegen Cannabis
27.-29.6.67 Prozess gegen Jagger und Richards wegen Drogenbesitz, Verhaftung, Freilassung am nächsten Tag
20.09.1967 Die Stones geben die Trennung von Andrew Loog Oldham bekannt
08.12.1967 Das Album »Their Satanic Majesties Request« erscheint

1968 Allen Klein kauft Andrew Loog Oldhams Anteile an den Stones für 750.000 Dollar
Ende 1968 Die Band filmt »The Rolling Stones Rock and Roll Circus«, was aber erst 1996 veröffentlicht wird
06.12.1968 Das Album »Beggars Banquet« erscheint

08.06.1969 Brian Jones bekommt von den Stones gesagt, dass er die Band zu verlassen hat
03.07.1969 Brian Jones ertrinkt im Swimmingpool seines Hauses Cotchford Farm
05.07.1969 Open-Air-Konzert im Londoner Hyde Park in Gedenken ab Brian Jones, Mick Taylor ersetzt ihn
10.07.1969 Beerdigung von Brian Jones in Cheltenham
23.11.1969 Sechster und letzter Auftritt in der Ed Sullivan Show
05.12.1969 Das Album »Let it Bleed« erscheint
06.12.1969 Beim Konzert auf dem Altamont Speedway nahe San Francisco wird ein Zuschauer von den Hells Angels, die als Sicherheitsdienst fungieren, erstochen

1971 Rechtsstreit zwischen den Stones und Allen Klein
04.1971 Die Stones verlassen England und ziehen nach Frankreich
12.05.1971 Hochzeit von Mick Jagger und Bianca Perez-Mora Macias in St. Tropez
23.04.1971 Das Album »Sticky Fingers« erscheint
1971 Das Logo der Zunge und Lippen ist erstmals zu sehen
07.01.1972 Jagger veröffentlicht sein erstes Album abseits der Stones, auch wenn Charlie Watts und Billy Wyman mitspielen: »Jamming With Edward!«
12.05.1972 Das Album »Exile on Main St« erscheint
31.08.1973 Das Album »Goats Head Soup« erscheint
18.10.1974 Das Album »It´s Only Rock´n´Roll« erscheint
12.1974 Mick Taylor verlässt die Band und wird durch Ron Wood ersetzt
23.04.1976 Das Album »Black and Blue« erscheint
09.06.1978 Das Album »Some Girls« erscheint

07.10.1978	Nach zehn Jahren TV-Abstinenz treten die Stones erstmals wieder im Fernsehenauf – in der US-Sendung »Saturday Night Live«
20.06.1980	Das Album »Emotional Rescue« erscheint
24.08.1981	Das Album »Tattoo You« erscheint
07.11.1983	Das Album »Undercover« erscheint
18.12.1983	Keith Richards heiratet Patti Hansen in Cabo San Lucas, Mexiko
21.02.1985	Jaggers 1. Solo Album erscheint: »She´s the Boss«
12.12.1985	Ian Stewart stirbt in London
24.03.1986	Das Album »Dirty Work« erscheint
14.09.1987	Jaggers 2. Solo Album erscheint: »Primitive Cool«
29.08.1989	Das Album »Steel Wheels« erscheint
1989	Aufnahme in die Rock'n'Roll Hall of Fame
21.11.1990	Jagger heiratet Jerry Hall auf Bali
Ende 1990	Das »Rolling Stone« Magazin kürt »Satisfaction« zur größten Rock-Single
03.12.1992	Mick Jagger gibt den Ausstieg von Bill Wyman bekannt
09.02.1993	Jaggers 3. Solo Album erscheint: »Wandering Spirit«
11.07.1994	Das Album »Voodoo Lounge« erscheint
25.08.1995	Die Stones geben ein Konzert auf dem VW-Parkplatz Ost in Wolfsburg, und es ist eine Sonderedition des Golf 3 mit der Bezeichnung »Rolling Stones Collection« erhältlich
24.09.1997	Das Album »Bridges to Babylon« erscheint
30.03.2000	Jagger weiht auf dem Gelände der Dartford Grammar School in Dartford »The Mick Jagger Centre« ein, das als Veranstaltungsort für darstellende Künste fungiert
19.11.2001	Jaggers 4. Solo Album »Goddess in the Doorway« erscheint
30.09.2002	Das Album »Forty Licks« erscheint anlässlich des 40. Jubiläums der Stones und ihrem ersten Auftritt im »Marquee Club«
12.12.2003	Mick Jagger wird im Buckingham Palace von Queen Elizabeth II geadelt und darf den Titel »Sir« tragen
11.2004	Aufnahme der Rolling Stones in die UK Music Hall of Fame
16.01.2005	Mick Jagger gewinnt mit »Old Habits Die Hard« aus »Alfie« einen Golden Globe für den besten Filmsong
02.09.2005	Das Album »A Bigger Bang« erscheint
01.10.2007	Das Album »The Very Best of Mick Jagger« erscheint
02.07.2009	Tom Keylock stirbt in London
19.11.2011	Jagger veröffentlicht gemeinsam mit David Stewart, Joss Stone, A.R. Rahman und Damian Marley das Album »SuperHeavy«
02.12.2016	Das Album »Blue & Lonesome« erscheint
13.06.2017	Anita Pallenberg stirbt in Chichester
05.04.2019	Jagger unterzieht sich in New York einer Herzklappenoperation
30.08.2019	Letztes Konzert von Charlie Watts mit den Rolling Stones
09.2020	Die Rolling Stones sind die erste Band, der es gelingt in sechs Jahrzehnten in Großbritannien Nr. 1 Hits zu haben
24.08.2021	Charlie Watts stirbt in London
16.12.2022	Charlie Watts Frau Shirley stirbt in Devon
09.08.2023	Im Zentrum der Stadt Dartford, dem Heimatort von Mick Jagger und Keith Richards, werden zwei Bronzestatuen der beiden Musiker enthüllt
20.10.2023	Das Album »Hackney Diamonds« erscheint
30.01.2025	Marianne Faithfull stirbt in London
04.2025	Die Band beginnt in den Londoner Metropolis Studios mit der Arbeit an einem neuen Album, das 2026 erscheinen soll. In dem Jahr soll es auch eine Tournee geben, die sie auch nach Deutschland führt. Das 25. Studioalbum der Band wurde von Mick Jagger, Keith Richards, Ron Wood und Steve Jordan am Schlagzeug eingespielt.
11.2025	Zum 50. Jubiläum von Ronnie Wood als Mitglied der Band erscheint eine überarbeitete Version des Albums »Black and Blue« aus dem Jahr 1976
2026	(Vermutlich) Das noch titellose 25. Studioalbum der Rolling Stones erscheint

10. SYMPATHY FOR THE DEVIL ODER GET OFF OF MY CLOUD? – DAS NACHWORT

Auch nach mehr als eineinhalb Jahren Arbeit unter Zuhilfenahme konventioneller Quellen wie Anfragen bei Firmen und der Suche in Archiven, Reisen zu Interviews mit Zeitzeugen, Kontaktaufnahmen mit anderen Autoren, der Sichtung von Büchern, Fachzeitschriften und Dokumentationen aus zum Teil aus entlegenen Bibliotheken, bleiben selbstverständlich Fragen offen. Diese betreffen u. a. die Führerscheine der Rolling Stones. Warum also nicht mal die sogenannte »Künstliche Intelligenz« darauf ansetzen und speziell nach diesem Thema und vielleicht auch mal nach Fahrzeugen der Band suchen lassen. Möglicherweise bringt die KI etwas Licht ins Dunkel – oder die Verwirrung wird größer.

Eine Anfrage vom 19. Mai 2025 um 15.04 Uhr an ChatGPT nach den Führerscheinen brachte die folgenden Ergebnisse: »Mick Jagger hat seinen Führerschein erst relativ spät im Leben gemacht und zwar 1993, im Alter von 50 Jahren. Laut verschiedenen Quellen legte Mick Jagger die Fahrprüfung in einem Ford ab, vermutlich einem Ford Fiesta oder ähnlichem Fahrschulmodell. Nach dem Führerscheinerwerb gönnte sich Jagger angeblich einen Aston Martin DB7 als eines seiner ersten Autos. Es wird oft berichtet, dass er sich dieses Luxusauto direkt nach dem Bestehen der Fahrprüfung gekauft hat.«

Erkenntnisse sind das nicht, denn ich habe aus sicherer Quelle, von Dick Taylor dem Schulfreund von Mick Jagger erfahren, dass der bereits während des Beinahe-Unfalls 1962 einen Führerschein hatte. Und wer will seine Texte schon auf Formulierungen wie »verschiedenen Quellen«, »vermutlich« und »angeblich« basieren? Nur mit Fragen und Konjunktiven zu arbeiten ist sicherlich nicht hilfreich. »Eines seiner ersten Autos«, heißt es außerdem und »direkt nach dem Bestehen«. Heißt das also, dass er davor kein anderes Auto gehabt hat, oder wenn es eines seiner »ersten« Autos war, was war dann das erste Auto?

Dank Taylor weiß ich, dass er einen Ford Zephyr besaß und dem Aston Martin Heritage Trust (wieder verlässliche Quellen), dass er einen DB6 gekauft hat, mit dem er am 28. August 1996 in London verunfallte – und wie er 1993 einen DB7 gekauft haben soll, der erst ab September 1994 produziert wurde, ist mir schleierhaft. Den Prototyp, der am 2. März 1993 auf dem Genfer Auto-Salon präsentiert wurde, hat er sicher nicht erworben. Der steht im firmeneigenen Museum.

Eine Anfrage an dieselbe KI vom 23. Januar 2025 mir doch ein Exposé zu dem Thema des Buches »Die Rolling Stones und ihre Fahrzeuge« zu liefern, brachte u. a. die folgenden Formulierungen mit sich:

Dieses Buch entstand unter Zuhilfenahme konventioneller journalistischer Quellen: Der Autor im Gespräch mit Dick Taylor.

»1. Der Beginn: Späte 1950er und die 1960er Jahre

In den Anfängen ihrer Karriere waren die Rolling Stones alles andere als wohlhabend. Dennoch spiegelt sich in ihren ersten Fahrzeugen die aufstrebende Rebellion einer neuen Generation. Mick Jagger fuhr einen ***Mini Cooper S***, der nicht nur praktisch, sondern auch Ausdruck des »Swinging London« war.

Keith Richards hingegen entschied sich für einen ***Pontiac Chieftain***, ein amerikanisches Muscle-Car, das seinen rebellischen Lebensstil widerspiegelte. Charlie Watts blieb seiner persönlichen Eleganz treu und wählte einen ***Citroën DS***, der durch sein avantgardistisches Design bestach.

• ***Schicksal der Fahrzeuge:*** Der Mini von Jagger wurde bei einem Unfall zerstört und existiert nicht mehr, während der Pontiac von Keith Richards auf einem Schrottplatz in Kalifornien endete. Der Citroën DS von Charlie Watts wurde liebevoll restauriert und befindet sich heute in einer Privatsammlung in Frankreich.

2. Die wilden 70er: Exzesse und Luxus

Mit wachsendem Ruhm stieg auch der Anspruch an ihre Fahrzeuge. Mick Jagger war oft in einem ***Aston Martin DB6*** zu sehen, ein Symbol britischen Luxus'. Keith Richards, der in dieser Zeit für seinen wilden Lebensstil bekannt war, entschied sich für einen ***Ferrari Dino 246 GT,*** ein Auto, das genauso wild und unbändig war wie er selbst. Charlie Watts, der Gentleman der Band, liebte hingegen klassische britische Eleganz und erwarb einen ***Bentley S3 Continental Flying Spur***.

• ***Schicksal der Fahrzeuge:*** Der Aston Martin DB6 von Jagger wurde später versteigert und befindet sich heute in einer Privatsammlung in Japan. Keith Richards' Ferrari Dino wurde nach einem Unfall verkauft und später restauriert; er wird heute als Ausstellungsstück in einem italienischen Automuseum gezeigt. Charlie Watts' Bentley hingegen befindet sich noch immer im Familienbesitz.«

Auf die außerdem enthaltenen Kapitel 3 und 4 (Die 80er und 90er: Individualität und Sammelleidenschaft / 4. Die Gegenwart: Nachhaltigkeit und Sammlerobjekte)
wird hier aus Platzgründen verzichtet.

Fast nichts davon stimmt. Jagger fing eben nicht mit einem Mini Cooper S an, fuhr aber 1967 mal einen und verschenkte einen Mini an seine Freundin Chrissie Shrimpton. Ein Citroën DS von Watts ist mir nicht bekannt und einen Bentley S3 Continental Flying Spur hat er nie gehabt – das war Keith Richards. Der Dino 246 GT (nicht Ferrari) wurde an einen Privatmann versteigert und steht nicht in einem Automuseum. Von einem Unfall ist nichts bekannt. Und so weiter, und so weiter.

AFTERMATH

Diese kurzen Ausführungen sind nicht als Verteufelung der KI gedacht, sondern als Hinweis darauf, welche Vorsicht man im Umgang mit ihr walten lassen sollte. Hinzu kommt, dass zumindest bei diesen beiden Anfragen, niemals Quellen genannt wurden, denen man nachgehen könnte. Es ist sicherlich die Bequemlichkeit, die dazu führen kann »mal eben« die KI zu bemühen, um etwas herauszufinden. Sehr viel mehr Mühe macht Journalisten und Autoren das was danach kommt: zu recherchieren ob das auch alles stimmt.

Das heißt selbstverständlich nicht, dass dieses hier vorliegende Buch »Motorlegenden – The Rolling Stones« fehlerfrei ist. Vielleicht kann so ein Werk das auch gar nicht sein. Welches Sachbuch ist das schon? Ich habe im Laufe der Recherchen 75 Fahrzeuge gefunden, die die Stones jemals besaßen. Zumindest bei einem großen Teil davon ist die Historie nachvollziehbar. Ich sehe nicht nur die Gefahr darin einen leichtfertigen Umgang mit den jüngsten technischen Möglichkeiten zu pflegen, aber vor allem die noch viel größere Gefahr der immensen Lernfähigkeit des Systems. Warten wir also mal ab, was nach dem Erscheinen dieses Buches geschieht. Ich werde sicher Ende des Jahres 2025 nochmalige Anfragen an die KI stellen. Es ist zu befürchten, wenn sich jemand die Mühe machen sollte ihr meine Texte zur Verfügung zu stellen, dass die Antworten der KI dann ganz anders aussehen werden. Dass mein Name und/oder der Verlag dann als Quelle genannt wird, bezweifle ich. Ich lasse mich aber gerne eines Besseren belehren – vielleicht habe ich aber auch einfach nur die falschen Fragen gestellt.

11. TELL ME STRAIGHT – DIE BIBLIOGRAFIE

Andersen, Christopher P.: Mick Jagger. Die nichtautorisierte Biografie. München, 1993

Bockris, Victor: Keith Richards. Die Biographie des legendären Gitarristen der Rolling Stones. München, 1992

Ewbank, Tim / Hildred, Stafford: Rod Stewart. Forever Young. München, 1993

Faithfull, Marianne: Eine Autobiografie. Reinbek bei Hamburg, 1997

Faithfull, Marianne / Dalton, David: Memories. München, 2007

Hall, Jerry / Hemphill, Christopher: Jerry Halls Tall Tales. London, 1985

Hill, Susan: The Rolling Stones. Bath, 2006

Hunt, Marsha: Real Life. London, 1986

Jagger, Mick / Richards, Keith / Watts, Charlie / Wood, Ronnie: The Rolling Stones. Das Buch. Berlin, 2003

Jones, Lesley-Ann: The Stone Age. Sixty Years of the Rolling Stones. London, 2022

Milkowski, Bill: Keith Richards. Das Leben einer Rock Legende. Königswinter, 2014

Norman, Philip: The Stones. London, 1984

Obermaier, Uschi / Kraemer, Olaf: High Times: Mein wildes Leben. München, 2007

Oldham, Andrew Loog: Stoned. London, 2000

Oldham, Andrew Loog: 2 Stoned. London, 2002

Rawlings, Terry: Rock on Wood. London, 2010

Richards, Keith / Fox, James: Life. München, 2010

Richardson, Perry (Hrsg.): The Early Stones. London, 1993

Sanchez, Tony / Blake, John: 30 Jahre mit den Rolling Stones. Sympathy for the Devil. München, 1993

Sandford, Christopher: Mick Jagger. Sein Leben und seine Musik. München, 1993

Scholz, Martin: Rocking and Rolling. 60 Jahre Bandgeschichte in Gesprächen mit Martin Scholz. Zürich, 2022

Sexton, Paul: Charlie´s Good Tonight. Die autorisierte Biographie von Charlie Watts. Berlin, 2022

Spiegel Biografie (Hg.): The Rolling Stones. Hamburg, 2017

Wells, Simon: She´s a Rainbow. The Extraordinary Life of Anita Pallenberg. London, 2020

Winder, Elisabeth: Parachute Women. New York, 2023

Wohlin, Anna: The Murder of Brian Jones: The Secret Story of My Love Affair with the Murdered Rolling Stone. London, 2000

Wood, Ron: Ronnie. The Autobiography. London, 2007

Wyman, Bill / Havers, Richard: Bill Wyman´s Rolling Stones Story. Starnberg, 2002

Wyman, Bill / Coleman, Ray: Stone Alone. The Story of a Rock´n´Roll Band. London 1990

2. MERCY, MERCY - DANKSAGUNG

Wolfgang Bahlmann (Aston Martin Owners Club), Jörg Flemming (Bravo), Chris Bolton und Bryony Gray (Aston Martin Heritage Trust), James Gilbert (Morgan Motor Company), Wolfgang (Bubi) Heilemann (Bravo), Marcus Höfner vom Stones Treff, Klaus Ihl, Cecilia + Thomas Int´Veen, Eberhard Kittler, Gered Mankowitz, Felix Neunzerling, Jürgen Pluta von den Tallymen, John Reiss, Dr. Ernst Schulte-Wintrop, Freya Schulte-Wintrop, Volker Schlöndorff, Dick Taylor von Little Boy Blue and the Blue Boys, Conny Ziller.

Mein allerherzlichster Dank geht erneut an die wunderbare Barbara Schmidt für ihre unendliche Geduld und vielen Anregungen in Bezug auf meine Texte sowie den kreativen Austausch im Hinblick auf mögliche Korrekturen. Niemand hat so sehr zu den Formulierungen der Texte dieses Buches beigetragen wie sie.

Informationen über den Autor unter
www.siegfriedtesche.de und
www.bondausstellung.de

13. BILDNACHWEISE

Aaron Rapoport/Corbis/Getty Images (133); Archive Photos/Hulton Archive/Getty Images (96); Archivio Cameraphoto Epoche/Getty Images (82); BaT Auctions (180); Björn Vogt (134); Blick/RDB/ullstein bild via Getty Images (107); BMW (20, 40, 43, 99, 152, 181); Bonhams (85, 127, 131); Brian Rasic/Getty Images (153); C. Maher/Daily Express/Hulton Archive/Getty Images (60); CBS via Getty Images (115); Central Press/Getty Images (25); Christopher Simon Sykes/Hulton Archive/Getty Images (123); Conny Ziller (7); Cyrus Andrews/Michael Ochs Archive/Getty Images (16); D. Morrison/Daily Express/Hulton Archive/Getty Images (155); D. Morrison/Express/Getty Images (171); Daily Mirror/Mirrorpix/Mirrorpix via Getty Images (22, 27,

31, 48, 56, 58, 81, 101, 119, 130); Dave Hogan/Hulton Archive/Getty Images (163); Dave J Hogan/Getty Images (164); Dave M. Benett/Getty Images (108, 135); David Christie/Getty Images (15); Dick Taylor (187); Don Paulsen/Michael Ochs Archives/Getty Images (13); Eric Piper/Daily Mirror/Mirrorpix via Getty Images (30); Ernst Schulte-Hiltrop (62, 63); Estate Of Keith Morris/Redferns (103); Evening Standard/Getty Images (49); Evening Standard/Hulton Archive/Getty Images (70, 86, 120, 137, 144); Ewan Munro/Wikimedia (97); Express Newspapers/Getty Images (122); Fin Costello/Redferns/Getty Images (174); Fiona Adams/Redferns/Getty Images (8); Fred Bauman, The Press-Enterprise/SCNG/Getty Images (52); Fred Mott/Evening Standard/Hulton Archive/Getty Images (106); Freya Schulte-Wintrop (5); George Lipman/Fairfax Media via Getty Images (32); George Stroud/Express/Getty Images (47); George Wilkes/Hulton Archive/Getty Images (129); Gered Mankowitz (127 oben); Graham Wiltshire/Hulton Archive/Getty Images (177); Heritage Images/Getty Images (44); hirlaine Forrest/WireImage/Getty Images (153); Hulton Archive/Getty Images (01, 150); Hulton-Deutsch Collection/CORBIS/Corbis via Getty Images (54); Ian Cook/Getty Images (39); IMAGO / Avalon.red (104, 153); IMAGO / Capital Pictures (179); IMAGO / ZUMA Press Wire (87); Ivan Keeman/Redferns/Getty Images (68); Iveco Group N.V. (118); Jan Olofsson/Redferns (98); Jeff Hochberg/Getty Images (79); Jim Gray/Keystone/Hulton Archive/Getty Images (28); JLR (76, 93, 167); Kent Gavin/Mirrorpix via Getty Images (84); Keystone Features/Hulton Archive/Getty Images (45); Keystone/Getty Images (53); Keystone-France/Gamma-Keystone via Getty Images (34); King Collection/Avalon/Getty Images (11, 26); KMazur/WireImage/Getty Images (153); KTM (93); Laister/Daily Express/Hulton Archive/Getty Images (83); Lawrence Schwartzwald/Sygma via Getty Images (152); Len Trievnor/Express/Getty Images (59); Linda Roots/Getty Images (138); LMPC via Getty Images (89); MAARTJE BLIJDENSTEIN/AFP via Getty Images (135); Mark and Colleen Hayward/Redferns/Getty Images (17, 102); mauritius images / John Frost Newspapers / Alamy / Alamy Stock Photos (116); Mauritius Images (51); Michael Ochs Archives/Getty Images (158, 175); Michael Putland/Getty Images (92, 94, 165, 168, 172); Mirrorpix via Getty Images (29, 141); NCJ/Mirrorpix via Getty Images (128); Norman Potter/Express/Hulton Archive/Getty Images (67); NY Daily News Archive via Getty Images (93); Patrick SICCOLI/Gamma-Rapho via Getty Images (64); Peter Francis/Redferns/Getty Images (142); PL Gould/Images/Getty Images (92); Sammlung Motorbuch (21, 90, 110, 111, 178); Property RW/Getty Images (157); Rolls-Royce Motor Cars (24); Ron Galella/Ron Galella Collection via Getty Images (160), SAIC Motor (121, 124); Siegfried Tesche (61, 187); SSPL/Getty Images (15); Staff/Mirrorpix/Mirrorpix via Getty Images (112); Stellantis (18, 19, 146, 147, 148, 176); Stones Archive/Getty Images (38, 89 (3)); Tim Graham/Sygma/Corbis via Getty Images (135); ullstein bild/ullstein bild via Getty Images (23); Unknown/Mirrorpix/Mirrorpix via Getty Images (72, 75); Volkswagen (65, 77, 78, 149); Wellcome Collection/wikimedia (68); William Lovelace/Daily Express/Getty Images (52); William Lovelace/Daily Express/Hulton Archive/Getty Images (166).

JLP